マンガ　おはなし物理学史

物理学400年の流れを概観する

小山慶太　原作
佐々木ケン　漫画

ブルーバックス

カバー装幀／児崎雅淑・芦澤泰偉
カバーイラスト／佐々木ケン
編集協力／さくら工芸社

まえがき──本書のガイドをかねて

物理学の歴史はざっくり捉え、ケプラー、ガリレオのころからかぞえて今日まで、およそ四〇〇年といえる。その四〇〇年をマンガでわかりやすく、しかも一冊の新書に収めてしまおうという、大胆にも無謀なる企《くわだ》てに挑んだのが、本書である。

大胆にも無謀なる様《さま》は、本書の構成（章立て）によく現れている。四〇〇年の歴史をまず、古典物理学の時代（一七～一九世紀）と現代物理学の時代（二〇～二一世紀）に大きく分け、さらに、それぞれを二つの主要テーマに絞って、描き切っているからである。前者に設けたテーマが「力学」と「電磁気学」、そして後者が「量子力学」と「相対性理論」である。

こう書くと、たった四つのテーマで物理学四〇〇年の通史が果たしてたどれるのかと、眉《まゆ》に唾《つば》をつけて聞きたくなるかもしれないが、どうしてどうして、歴史の潮流《メインストリーム》と物理学の基本的枠組みさえ押さえれば、それは十分、可能だったのである。

潮流の源は身近に目にする、さまざまな運動現象への関心にあった。たとえば、リンゴの落下や惑星の動きなどは、その代表であろう。こうした対象を通して最初に構築された物理学の体系が、第1章の力学である。それは実験、観測によるデータの蓄積と分析、そして数学にもとづく理論という、二つの方法の融合として生まれた。

融合の結果、力学は基本法則と基本方程式という応用力の高い道具をつくり出し、それを使って、多様な運動現象を演繹的に解明することに成功した。そこで、最初に確立された力学の発展をたどれば、物理学全体の特徴とエッセンスが理解できるのである。

さて、電池の発明が契機となり、一九世紀に入ると、第2章で取り上げる電磁気学が力学につづいて体系化される。電気と磁気の間には互いに強い相関が見られることが、数々の実験によって確かめられ、両者を統一して記述する基本方程式が導き出されるわけである。そして、昔から人間の関心事のひとつであった光も、電磁気学の中に取り込まれていった。

こうして、力学と電磁気学を二つの柱として、古典物理学は完成を見るに至る。

ところが、それも束《つか》の間、二〇世紀に入るや否や、物理学は変革の嵐に見舞われる。一九世紀までに培った知見や常識がそのままでは通用しない世界があることに、物理学者たちは気づき始めたのである。そうした嵐の時期を経て誕生したのが、第3章の量子力学と第4章の相対性理論である。

この二つに共通する特徴を一言で表せば、それらが語る内容は人間の素朴な実感とは相容れない、奇妙なものであるということである。その理由は量子力学が超ミクロの対象を、また、相対性理論が光速に近い運動や強い重力場といった、我々の身近な世界から大きく隔絶した対象を扱っていることに起因する。つまり、人間の五感をはるかに超えた領域に、物理学は足を踏み入れてしまったのである。
そして、この二つの新しい理論体系を柱として、現代物理学は素粒子から宇宙までをその射程に収め、さらに物質の多彩な性質の解明を通し、多くのテクノロジーの産物をつくり出している。
というわけで、さきほど、大胆にも無謀なる企てと書きはしたが、こういう構成で、物理学四〇〇年の流れが概観できることを納得していただけたかと思う。
さて、本書には私によく似たコヤマ先生なる人物が、狂言回しとして登場する（ただし、実物はもう少し若々しいと、本人は呟《つぶや》いていますが）。また、高校生三人組が読者の代表となり、歴史上の科学者に質問し、合の手を入れながら、話の理解を深める手助けをしている。
さらにもう一人、謎のアシスタントさん――これがなかなかの美人――の存在が大きい。彼女の正体は物理学の重要な話題と重なる形で最後に明らかにされるので、どうぞ、お楽しみに（だから、決して、先に最後の頁をあけないで下さいね！）。
こうしたマンガならではの遊び心を話の展開にうまくとけ込ませ、物理学史を親しみやすく視覚化できたのは、漫画家、佐々木ケン氏の創意工夫のおかげである。
それでは、皆さんも我々と一緒に、物理学の歴史探訪に出かけましょう。

二〇一五年四月　　小山慶太

マンガ おはなし物理学史・目次

第4章 相対性理論 250

プロローグ
さおりん いる〜？
アミ ちゃん？
あがって いいよ〜
あいかわらず むさくるしい 部屋じゃのお
あんたに 言われたく ないわ
ただ 自分用の テレビが あるのが いいよね
このDVD おもしろいよ

はーい「おもしろ物理学史」の第一回でーす
さおりんこんなの見てんの？
講師のコヤマ先生です
あれ？
ワイドショーやってたはずだけどボタンさわったかな
あ
チャンネル変えないでください
え？
この番組では視聴者に参加してもらって学習していきますが
参加者をご紹介します

ほら ご紹介ですよ
え？
もう ほら
にゅっ
ええっ!!
こちらへ
わああっ
コヤマ先生
参加の視聴者さんです
よろしくね
え
え
え
え
AMI

私はこの番組のアシスタントで
こちらはアミさん
なんで知ってるの？
Tシャツに書いてあるし
AMI
そちらはサオリさん
じゃなくて
ひらがなでさおりん
サオリでいいんだよ
あなたがたには私といっしょに物理学史をたどる旅に出ていただきます
えー
旅行につれていってくれるんですか？
すてき！
コヤマ先生

次回から
近代物理学の
歴史を
学びますが
それ以前の
時代の考え方を
今回見ておきます
で
古代ギリシアの
アリストテレスを
たずねて
みましょう
ギリシア
だって!!
いい
ねー
じゃ
これに
着替えて
?
?
では
あちら
へ
?

この緑のバック
これを
グリーンバックと
いいますが
青い場合も
あって
それは
ブルーバック
ね
この前に立って
そっちの
カメラで
撮影したものを
画像処理すると
グリーンや
ブルーの
バックの色が
透明になって
別に撮影した
映像の上に
合成されて
あなたがたが
その別映像の
中にいるように
見えるのです
これを
クロマキー合成と
いいます
ほら
このモニタに
出てるでしょ
となりに
いるのが
アリスト
テレスです
ごあい
さつを

あいさつといっても
見えないし
…
旅って
…
実際に行くんじゃなくて?
合成です
すべてこのスタジオで
…
やめやめ
参加とりやめます
となるのは想定ずみで…
当番組用に開発された新技術があるのです
新技術?
やめるにしても
それを見てから
改めてそこに立って
いきますよ

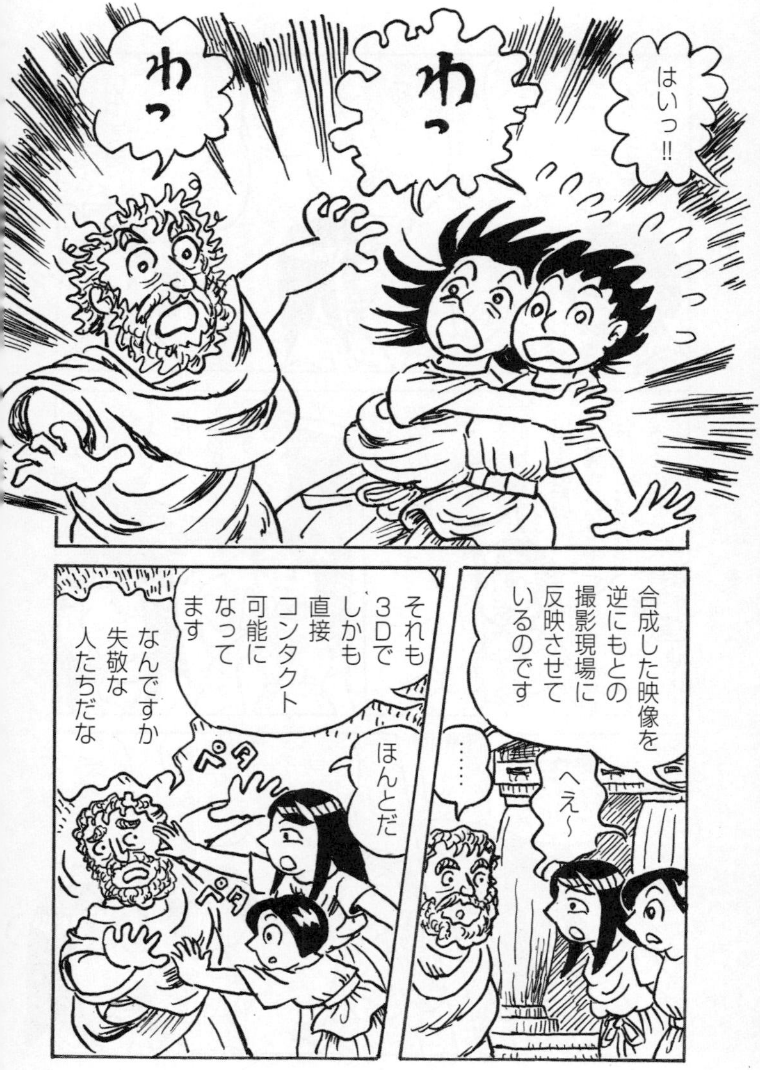
はいっ!!
わっ
わっ
合成した映像を逆にもとの撮影現場に反映させているのです
へえ～
……
それも3Dでしかも直接コンタクト可能になってます
ほんとだ
ペタ
ペタ
なんですか失敬な人たちだな

こちらがアリストテレスさんです
ごあいさつを
あ 先生も着替えた
こんちは
ああ…
こんちは
アリストテレス
B.C.384 ~ B.C.322
ことばは自動翻訳システムが働きます
ちょっと待って…
この新技術ってつっこみどころがありすぎるんですけど…
そのへんは企業秘密で…
マンガでもあるしあまりつっこまないで…
アリストテレスさんは「万学の祖」と呼ばれる古代ギリシアの哲学者です

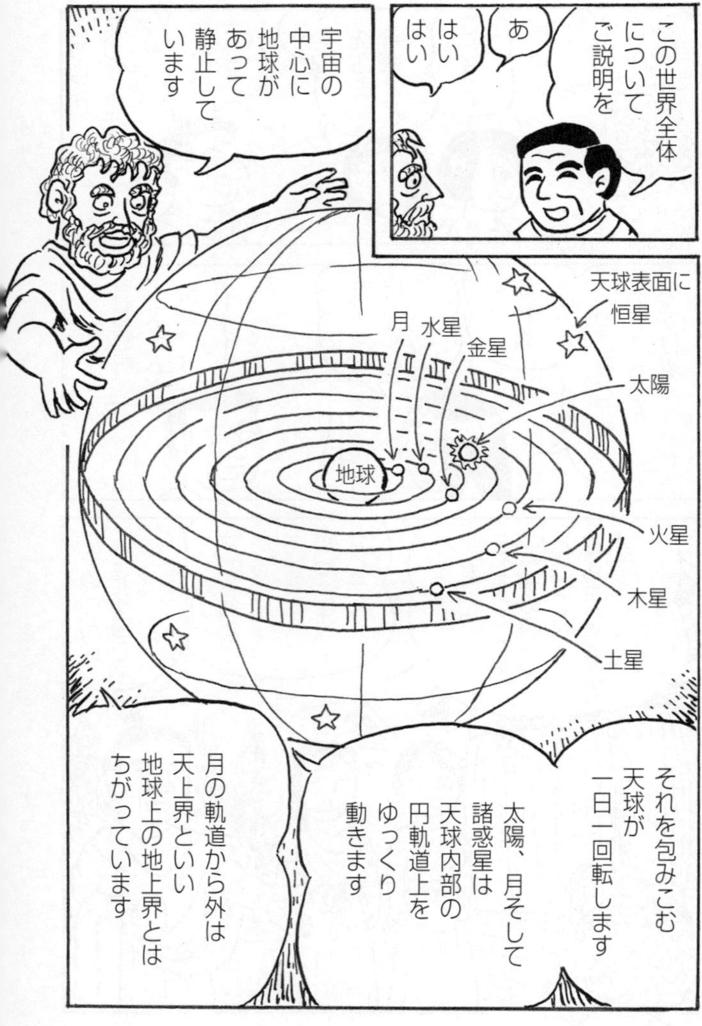
この世界全体について ご説明を
あ
はい はい
宇宙の中心に地球があって静止しています
天球表面に 恒星
月
水星
金星
太陽
地球
火星
木星
土星
それを包みこむ天球が一日一回転します
太陽、月そして諸惑星は天球内部の円軌道上をゆっくり動きます
月の軌道から外は天上界といい地球上の地上界とはちがっています

天上界は完全な世界なので物体は完全な立体である球の形をしていて
完全な平面図形は円だから運動は等速円運動になります
永久的な円運動以外は天上界は全く変化することはありません
それに対し地上界は万物は常に変化し
運動の基本は直線運動です
物質も天上界ではエーテルという完全物質だけで
地上界ではこの四元素の組み合わせでできてます
天上界
エーテル
地上界
火
空気
土
水
実は前ページの図では惑星の複雑な動きが正確には表せなくて
私より百年ほどあとのアポロニウスはこんな動きを考えてます
惑星
地球

アリストテレスさんは百年後のことまでわかるんですか
そこはほれ
新技術だから
おそるべし新技術
次回以降ガリレオやニュートンが登場しますが
それまでは
千数百年もの間ずっと今のアリストテレスさんが話してた世界観のままなのです
あもどった
あいなくなった
それをどうくずして近代科学が生まれたか
次から見ていきましょう

ごくろうさまでした そこから直接帰れますから
サオリさんのへや
ほんとださおりんの部屋だ
サオリアミちゃん来てたわね
カチャ
ジュースですよ
よっこらせ…と
ギャー
なにがあった？

第１章
力　学

第１話
ニュートン

あれ
?
チャンネル変えた?
?
いーや
アミさん
こちらへ
アミねえのこと呼んでる?
そうみたいね
ちょっと行ってくるわ
え?
よいしょ
えっ??
ナニ
ユーテマンネン
アホカイナ
アハハ
アハハ

今回はニュートンの話で
あれが一六六五年のニュートンの生家です
一六六五年といってもねえ
どうせどっかのセットで撮影してるんでしょ
こないだのアリストテレスさんだって今の役者さんが演じてたんじゃ…
そーいや話がうますぎるわね
とーんでもない！
ほらあのカメラが一六六五年の風景を撮っているんです
それもあやしい
なんで撮ってるカメラにそのカメラが映るのよ

それは ほら こっちの カメラから
3Dだから 複数の カメラで 撮ってるん です
なぜ 一六六五年が 映るのかは 新技術の 極秘事項 ですが
そうか 何かと 思ったら 新技術の カメラか…
え
あ ニュートン さんです この時 二二歳
アイザック・ニュートン
1642〜1727
なんで 新技術を 知ってるん ですか
それはね
登場して もらう人には 一時的に 新技術の情報を 伝えてある のです
退場と同時に その記憶は消えます

このリンゴの品種はフラワー・オブ・ケント（ケントの花）といい、実は熟すと自然に落果する。同じ木の実が熟す時期はほぼ同じなので比較的短時間に次々と落果し樹下は落ちた実だらけになる。落ちてしばらくすると完熟し食べごろになる。

おそるべし新技術
それよりほら
この場面を見のがしちゃいけません
あリンゴの木だ
実があんなに落ちてる
しー
ニュートンさんの思索のじゃまをしないように
あのリンゴのことは横の㊟に

第１話　ニュートン

…
すい
…
見ました？見ました？
この場面を直接見られるとはねえ
うーコーフンするなあ
先生さわいじゃまずいんでしょ
いや〜ニュートンさんは集中していればまわりの音なんか…
うるさいなあ
あ
聞こえてましたか

あら　もどった
もう
先生　だめじゃないですか
コーフンしない約束なのに
だって　科学史研究者としては…
その場に立てばやっぱり…
しょうがないですね
ではこれを着てください
グリーンのマント？
これで合成画面では顔しか出なくなります
さらにこのベールを下ろせば
合成画面で音が消えるのでさわいでもだいじょうぶ

うほほっ
やってるやってる
先生音もれてますよ
さっきのリンゴの木のとこのこの「…」ですが
わブキミですね
…
こんな考えです
地上では物はみな落ちる
地上には重力があるからだ
それは月までも働くのか
それがもし遠心力とつりあえば
遠心力
月
重力
地球
月の公転が成り立つ

だとしたら
太陽と
惑星との間も
同じような
引力で…
うん
これで
天体の運動が
解明できる
かもしれない
よーし
確かめて
みよう
すい
というわけで
計算して
いるのですが
どうも
地球の大きさの
データがまだ
不正確だった
らしくて…
ブキミ…
うう〜
うまく
計算が
あわない…
だめか
…
あー
やめ
やめ
パタン
さわるな
見るな
秘
近よるな

ガチャ
ピーン
あの箱はフィクションですが
ニュートンの発表ぎらいを新技術で視覚化したものです
開けるな
寄るな
秘
おそるべし新技術
てゆーかごつごう主義だよね
一六六五年から一六六七年までペストの流行やロンドンの大火でケンブリッジ大学が閉鎖されてニュートンは故郷に帰っていたのですが
その間にいわゆるニュートンの三大発見㊟があったのに
その公表は一番早い光学でも五、六年もあの箱の中に
すると三大発見でなく四大発見とか五大発見なんてのもあそこにあるかも
かもですねえ

途中一時大学に戻った時もあるが、この故郷の約二年間での三大発見とは、ここに示した万有引力（完成するのは後年になるが着想はこの時）、光の分析（白色光は固有の色と屈折率を持つ光線の集合）、および微分積分の計算法である。

へえ〜
中見て
みたいね
こらこら
さわるんじゃ
ない
書いてあるでしょうが
万有引力の法則はこうして未完成のままほったらかされていましたが
一六七九年ごろに計算しなおして重力の大きさは距離の二乗に反比例しその力で惑星の軌道が証明できることを確認しました
あ
場面
変わった
ここは一六八四年のケンブリッジ大学のニュートンの部屋です
万有引力の計算のしなおしはロバート・フックとの手紙のやりとりの中でなされましたが
…
ビクッ

ロバート・フック（一六三五～一七〇三、イギリスの科学者）からは王立協会（二ページ後に注）にニュートンが初めて出した論文（三大発見のうちの光学）にてひどい批判を受け、以後も事あるごとに嫌がらせを受けたため（次ページに続く）

フックの名前を口にするなっ!!
わわわっ
く…くるしい…
わっ
なんだこれはブキミな…
ゲホゲホ
フックのことは横の㊟に…
あ そうか
新技術か
さて この一六八四年ニュートンを知人のハレーがたずねてきます（七八ページ参照）
ちわ〜

じつは今年のはじめ
フックさんと話をした時…
エドモンド・ハレー 1656 ～ 1742
フックの名前は口に…
え？
あ
いや
それで？
太陽の引力が距離の二乗に反比例するとしたら
惑星の運動はどう…
楕円軌道になるね
は？
それは…どうして…
いやぁ前に計算したんだよ
そ…そ…それ見せてください!!

ニュートンはフックを嫌っていた。のち、王立協会の会長になったニュートンは一七一〇年王立協会の引っ越しの時、フックの発明品など関連資料をすべて捨ててしまった。そのためフックの肖像画は現在一つもない。

王立協会にもいろいろあるが、単に「王立協会」といえば「ロンドン王立協会」のこと。一六六〇年設立の現存する最も古い科学学会。一六六二年、英国王チャールズ二世が正式に認可したが、「王立」といっても運営等は協会が独自に行う。

というようなきっかけで
有名な『プリンキピア』(正しい名前は『自然哲学の数学的原理』)が出版されたのです
スタジオもどった
PHILOSOPHIÆ NATURALIS PRINCIPIA MATHEMATICA
『プリンキピア』のとびら
『プリンキピア』は全三巻になっていて
第1巻「物体の運動について」
真空中の物体の運動法則。
第2巻「物体の運動について」
抵抗のある媒質の中での物体の運動法則。
第3巻「世界の体系について」
宇宙の数学的なしくみ。
万有引力の法則により地上の物体でも天体でも統一的に説明。
中の証明はほとんどユークリッド幾何学が使われていてややこしいのですが
PHILOSOPHIÆ NATURALIS
PROPOSITIO VII. PROBLEMA II.
幾何学による説明例

とにかく運動の三法則(注)と万有引力の法則とで
地上の物体の運動から天体の運動まで統一的に説明できるようになったのです
これを「ニュートン力学」とか「古典力学」と呼びます
古典？
「新」じゃないんですか？
いや
それは二〇世紀になってから全く別の力学が明らかになって以後の呼び方で
この当時はまさに「新」力学ですねえ
何が新しいかといえば
リンゴから惑星まで運動を統一的な法則で説明していることです
それまでは地上界と天上界は全く別と考えられていて
地上
天上
ああアリストテレスさんが言ってましたね
おー
よくおぼえていたね

運動の三法則は、物体は外力がなければ静止または等速直線運動を続ける（慣性の法則）、物体の運動の変化は受けた外力の向きにその大きさに比例して起こる（ニュートンの運動方程式）、および作用・反作用の法則。

あんたもねえ番組に参加したのなら学習しなさいよ
わまじめ
ではニュートンはなぜ全宇宙に普遍的な法則を考えることができたのでしょうか
そりゃ天才だから…
さおりんとちがってね
あんたはどーなのよ
あー天才はおいといて
天才といえども一人だけではどうだったか
じつは十五、六世紀ルネサンスとともに新しい科学の発展があって
そういう先人の努力の上にニュートンがいるのです
ニュートンも「巨人の肩に乗ることによってより遠くまで見わたせた」と言ってます

第2話では
そのような
ニュートン以前の
科学の発展を
見ることに
しましょう
どーも
おつかれ
さまでした
じゃ
またね
アミさん
サオ
ただ
いま
わわ
わっ
アミ
ねえ…
どうして
…
んー
ま
新技術
で…
ああ
新技術
か
納得
するんだ
…
おそるべし
新技術…

第2話 ケプラーとガリレオ

コペルニクスはポーランドの人ですが地動説をとなえたことで有名ですね
ニコラウス・コペルニクス
1473～1543

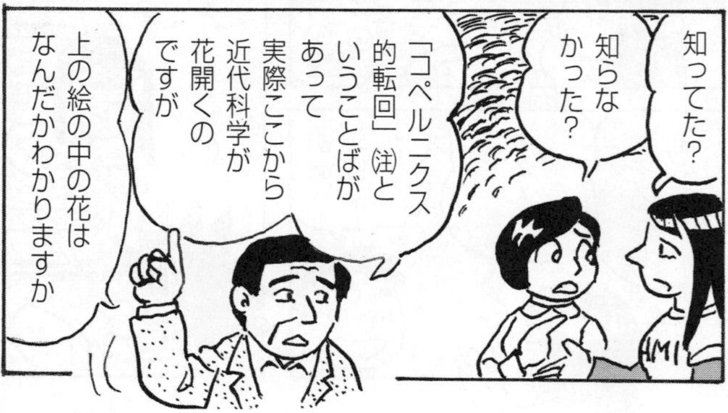
知ってた?
知らなかった?
「コペルニクス的転回」㊟ということばがあって実際ここから近代科学が花開くのですが
上の絵の中の花はなんだかわかりますか

このことばは本来ドイツの哲学者イマヌエル・カントが自分の哲学の斬新さを表すのに使ったが、一般に、それまでの常識を覆してものごとの見方が百八十度変わってしまうような場合に用いられる。

スズランじゃない？
そうね
そうです
スズランは当時薬草として使われていて
スズランを持った人物の肖像画はその人が医者だということを表しているのです
え
天文学者じゃ…
天文学もやってますが
本職は聖職者で
医者でもありほかに法学者、自治体の首長、占星術師なんかもやってます
アリストテレスが言っていた宇宙のしくみは地球が不動の中心にあって天体がそのまわりを回るという天動説で
二世紀にプトレマイオスが集大成していますが
一六世紀ごろになるとそれに疑問を持つ人たちが出てきます
おいおかしいぞ

惑星の位置が表とちがう
じゃ別の円をつけるか
より正確なデータが集まるとそれに合うように宇宙の体系はより複雑になり
うわーめんどくさい
神はなんでこんなややこしい宇宙を作られたのだ
ましてやコペルニクスは聖職者です
神が作った宇宙はもっと美しくなくてはならぬ
そして時あたかもルネサンスの盛期
古代のギリシア・ローマの文化を復興しようという運動の中…
古代ギリシアの太陽信仰に影響されアリスタルコスの説㊟を研究して
おーこれいいわ
土星
木星
火星
金星
地球
水星
太陽

古代ギリシアのアリスタルコス（紀元前三一〇年頃～紀元前二三〇年頃）は、地球を含め惑星は太陽を中心とした円周を公転し、太陽と恒星は不動で恒星はほぼ無限の距離にあると説いた。が、約二〇〇〇年間ほとんど認められなかった。

水星、金星が太陽からある限度以上離れないことも火星、木星、土星が逆行することもこれで全く無理なくわかる
こまかい誤差は補正の円運動を合成してやれば
まその補正用の円が天動説より多くなったりしますが
このようにコペルニクスの地動説は科学と言うより神学で…
あのこれなんですか
ああこれは解説用のキャラクターで『おはなし化学史』方式です
みなさん同じブルーバックスの『マンガおはなし化学史』も読みましょうね
宣伝してるよ
その科学とはちょっとちがう地動説がどのように近代科学を花開かせたかを見る旅に…

その旅 コヤマ先生は スタジオの モニタで 見てもらい ます
え？
前回のような ブキミな姿は 番組としては さけたいので
先生が顔を 出すのは 必要最小限 にします
そんな 殺生な～
それで お二人だけ じゃあ こころもと ないので
なにを 言うか
たしかに アミちゃんと じゃあ
あんたまで なにを言う
物理好きの 同級生に いっしょに 行って もらいます
同級生 ？

わわっ
はい
どうぞこちらへ
え
え？
あー
タツヒロくん
タツヒロさんはあなたがたの高校の物理部で活躍されていますから適役かと
なんでオマエらが？
ちょっと待った〜！
あのねアシスタントさん物理部で活躍ってね
こいつは水入れたペットボトルに空気おしこんでロケット遊びしてるだけですよ
だけじゃないよ

いいんですよ
その程度だからこそこの番組に適役なんです
その程度ってね…
旅立つ前にちょっと説明
いじいじ
コペルニクスの地動説を説いた彼の本『天球の回転について』は一五四三年の彼の死の直前に世に出ました
教会は天動説を正統としてましたから
聖職者として生前に出すのははばかられたんでしょうね
その後地動説はヨーロッパ中に知られるようになりましたが
当初はまだ欠陥も多く天動説の方が正確だったためコペルニクス説はほとんど賛同されませんでした
ところが一六世紀の末近くに強力な支持者が現れます
それは
準備はいいですね
なんだよこれ

ジョルダーノ・ブルーノです
おわっ
おっと
ジョルダーノ・ブルーノ
1548 〜 1600
イタリアの修道士、哲学者
なに？
話を聞きに来たの？
ならそっちへ
コペルニクスが地動説をとなえました
ちょっとすみません

それはアリストテレスの呪縛から一つ解放されたということで評価しますが
太陽を中心として恒星天球で限られた宇宙とか
地上界と天上界を分けて考えるとかまだまだ解放が不十分です
神が宇宙の一部だけ特別扱いするはずはありません
太陽も地球も宇宙の星の一つにすぎない
そして神の力が無限であるなら宇宙も無限です
無限の宇宙に太陽や地球のような星が無限にあるのです
この地球で起こることは別の地球でも起こるでしょう
別の人間もいてふしぎはない
天上界が不変なんてこともない
地上の運動法則は宇宙のすべてであてはまり
常に千変万化しているのです

そのように
宇宙に中心がなく
無限に同じような
星があるなら
神の国は
どこにあるのか
神は宇宙のどこかに
いるのではなく
人間一人一人の
心の中にいるのです
そして
無限の宇宙が
日周運動など
するわけがない
星の日周運動は
地球が自転して
いるから
そう見える
だけです
うー！
うー！
すごい
「神」というのを
のぞけば
現代の宇宙の
話を聞いてる
みたいだ…
そうねえ
現代の常識と
同じね
で
現代の常識は
過去の
非常識
そうだよ

ブルーノさん
お話は感服しましたが
あまりカトリックの教義に反することは…
言うなと言われるか?
私は真理と信じたことを話しています
真理を語るになんのはばかるところがありましょうや
ふんぞり
かえりっ
いやそうつっぱっていちゃあ
もしつかまったら元も子も…
えーいさわるな不浄役人
もうつかまっているよ

ジョルダーノ・ブルーノ
自説を完全に撤回すれば減刑するが
断固拒否しますっ！
あーあ あくまでつっぱる気だよ
わ
なに？
そして一六〇〇年一月判決下る
だって
判決を言い渡す
ひざまずいて
被告ジョルダーノ・ブルーノを火刑に処す
コヤマ先生からね
始まるよ

この判決を宣告するあなたがたの方が受ける私よりもおののいているのではないか
真理を前にして
火刑だって
火あぶり
…
なんでそこまでつっぱるんですか
なんであなたがたが牢屋に…
ああ新技術か…
真理を語るになんのはばかる
…
あ前に言いましたっけ
ふんぞり…
そんなことより逃げましょう
逃げらりゃしませんよ
それにここでは出なかったけど私はこれまでずっと逃げてて逃げくたびれました
先生モニタ見てるんでしょなんとかして…
もう年貢の納め時です
これも運命で…
あ

それに
この冬空に
たき火で
暖めてくれる
というんで
喜んで
ますよ
そんな
強がりを
…
先生
から？
「歴史は
変えられ
ません」…
なん
なのよっ
ブルーノ
さん…
あ
スタジオ
この
人で
なしっ
!!
私の
せいじゃ
ありま
せんよ
…

新技術により番組で登場する人たちにあなたがたの記憶は残りませんが
歴史を変えるような言動はしないように
ということですよ
うう〜
黒幕はアシスタントさんか
ブルーノの宇宙論も科学というより哲学あるいは神学ですが
これから当時超一流の天文学者が登場します
時は一六〇〇年ブルーノが処刑された年ですね
あれ
先生行ってもいいんですか
やっぱしモニタ越しじゃあ…
アシスタントさんをおがみたおしてね…
そしたらあんたはおはらい箱だね
え〜そうなの？

いや
私は顔出しを制限されているので
タツヒロくんに動いてもらわないと
制限ってアシスタントさんに?
おそるべし あの アシスタント
あ もう合成始まってる
ここは神聖ローマ帝国の(今はチェコの)プラハです
で その二人がこの時代超一流の天文学者です
ん?
超一流って…
そりゃブラーエ先生はそうですけど
いや 君だって若いのにすごい能力持ってるから
ケプラーはドイツの ブラーエはデンマークの出身です
ヨハネス・ケプラー
1571～1630
ティコ・ブラーエ
1546～1601

私が一五九九年に神聖ローマ帝国の宮廷天文官に迎えられまして
その時優秀な若手に仕事を手伝ってもらおうと思っていたらケプラー君が来てくれたのです
はあ そんな いきさつ で…
ブルーノさんが地動説で処刑されましたが
あれはショックでした…
まあ あれは地動説よりも彼の神学上の思想の方が問題だったのでしょうが
教会もあんなに天動説にこだわることはないのに
今じゃほとんどの天文学者は地動説ですよ
ただ確かな証拠がないので…
いーや 私はやはり地動説はまちがいだと思う
そのわけは？
年周視差ですよ
全く出ないからです
ちょっと解説します
おー 解説役

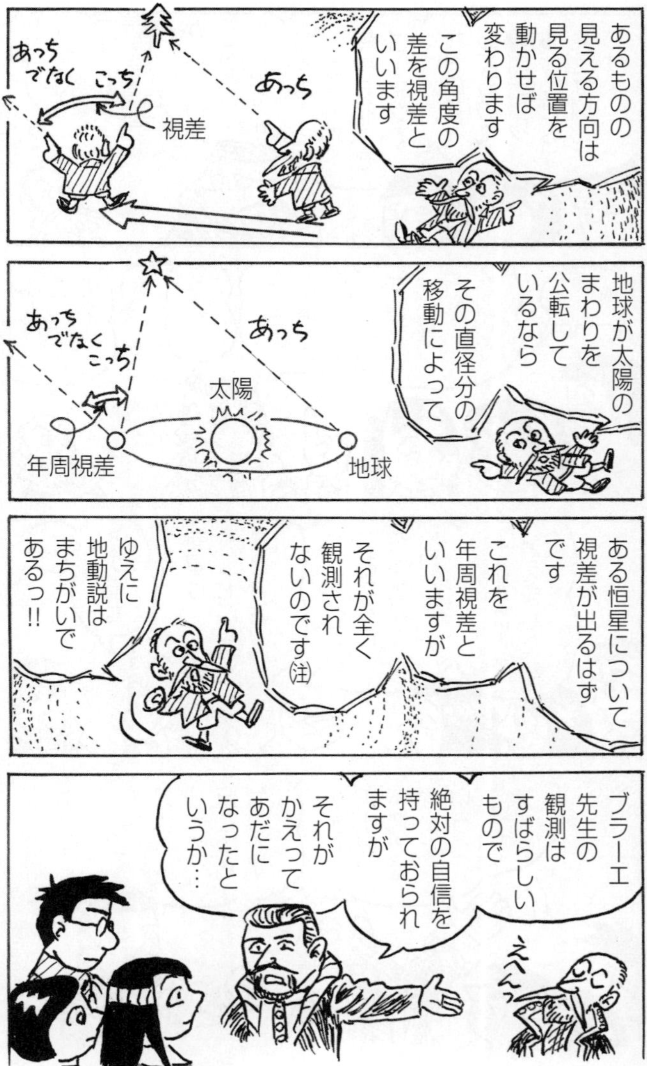
あるものの見える方向は見る位置を動かせば変わります
この角度の差を視差といいます
あっち
あっちでなくこっち
視差
地球が太陽のまわりを公転しているなら
その直径分の移動によって
あっち
あっちでなくこっち
太陽
年周視差
地球
ある恒星について視差が出るはずです
これを年周視差といいますが
それが全く観測されないのです㊟
ゆえに地動説はまちがいであるっ!!
ブラーエ先生の観測はすばらしいもので
絶対の自信を持っておられますが
それがかえってあだになったというか…
えへん

地球に最も近い恒星（ケンタウルス座α星）でも年周視差は角度で〇・七六秒である。人間の目が区別できるのは数分程度の角度なので、肉眼で恒星の年周視差は観測できない。初めてそれを観測できたのは一八三八年のことである。

この新星は地球から一万二〇〇〇光年の距離で起きた超新星爆発によるもので、最大マイナス四等級（金星程度）で輝いた。ティコ・ブラーエが第一発見者ではないが、彼が詳しい観測をし、著作も出版しているので「ティコの星」と呼ばれる。

というより
？
がんこで保守的なんですよ
貴族の家柄なんで殿様気取りでゴーマンで
共同研究してるのに観測データちょっとしか見せないんですよ
なに言ってんの？
あ
その…
先生の業績を
新星とかすい星とか
…
…
あ その話ね
新星は一五七二年のことで㊟
カシオペア座のあたりに突然星が出現して
一年半ほどで消えましたが
私の観測によればこれは確実に月より遠くで起こったものです
つまり天上界は不変ではないということです

また一五七七年に出現したすい星ですが私の観測や別の地点の観測値から地球からの距離がほぼわかりました
月までの距離の四倍よりも大きい距離です
すい星は地球の大気圏の上端に現れると思われていましたが
天上界の現象でやはり天上界も変化があるということです
さらにそのすい星の運動を調べたら
円じゃなくて細長く伸びた軌道だったのです
天上界の運動は円運動だという考えがくずれたわけです
おお…
でしゃばりでしょあいつ
出が貧民だからがさつでいけません
そのくせ数学はできるし能力は高いから
油断もすきもありません
私のデータをうばおうと思ってるんですよ

なにをおっしゃっているので？
いやなんでもない
さて仕事だ
いやー先生のデータのみごとさと言ったら
いやあ君のすばらしい数学能力でまとめなきゃなんの意味もない
さあ何年かかるかわからんがどんどん行こう
はいっ
……
ビミョーな人間関係があるらしい……
と言っている間に翌一六〇一年突然ブラーエは死にました
私の生涯がムダではなかったということであればいいが……
というのが最後のことばと伝わってますが
ムダだったかどうかは彼の観測した膨大なデータが活用されるかにかかってます

そのデータはちょっと複雑な事情がありましたが
ブラーエの役職をついだケプラーが自由に使えることになりました
うほほっ
宝の山が手にはいったぞっ!!
そこで火星の不規則な動きを解明するために火星の軌道をはっきりさせようと…
ええ
そのためまず地球の公転軌道を定めます
火星の公転周期はわかってます
太陽
地球
火星
A
B
太陽、地球、火星が一直線になった時を基準にして
火星が次にそのBの位置に来た時その時点での地球の位置がA、Bを二定点として決定できます
B
A
E_1
順に地球の位置を求めて
次に火星がBに来た時またその次と…
A
B
E_1
E_2
E_3

そうやって
地球の軌道が
定まったら
地球の
位置から
火星の位置が
わかります
太陽
地球
E_1
E_2
火星
という方向で
計算していこうと
いうわけで
そりゃ
たいへん
だ
目的にあう
データを
さがすのから
たいへん
そうだ
わからない
けど
たいへんそう
…
では
仕事に
かかり
ます
しこ
しこ
しこ
しこ
しこ
しこ
しこ
しこ

なによこれ
こういう地道な計算を何年も続けるんですよ
出た…
えっ
火星の軌道は楕円だ
地球の軌道もほとんど円に近いが楕円だ
円じゃないんだ…
楕円？
なぜだ？
理由はわかりませんでしたが
研究成果は公表され「ケプラーの法則」と呼ばれています
一六〇九年に第一、第二法則が一六一九年に第三法則が発表されました
●ケプラーの第一法則
惑星は太陽を一つの焦点とする楕円軌道上を動く。
●ケプラーの第二法則
惑星と太陽とを結ぶ線分が単位時間に描く面積は一定である（面積速度一定）。
●ケプラーの第三法則
惑星の公転周期の２乗は軌道の長半径の３乗に比例する。

これでティコ・ブラーエの生涯はムダではなくなりましたが…
楕円？
なぜだ？
太陽に近いと速くて遠いと遅い？
等速じゃないんだ
なぜだ？
今度はなぜ惑星がそのような運動をするのか理由を解明する必要が出てきました
いーやそんな必要はない！
天体はすべて円運動をするのだ!!
あ　ガリレオだ
ガリレオ・ガリレイ
1564～1642
こら人を指差して名前を呼びすてにしちゃいかんシニョール・ガリレオ（ガリレオさん）と言いなさい
あ　どうも…
いやシニョール・ガリレィかな
どうも漫画家が混乱してるらしい

じゃ「シニョール・ガリレオ・ガリレイさん」
長すぎる それに「さん」は重複だ
もう…「ガリレオさん」でいいでしょ
おー それ それ
なんの話だっけ？
楕円の理由を…
そう そう 必要ないということね
私の落体の法則のこと知ってる？
ああ ピサの斜塔から重さのちがう二つの玉を落として地上に同時に着いたって あれでしょ
いや それ やってないらしいよ
えー そう なの？
うん
宣伝にはうまい話だから積極的には否定してないけど

アリストテレスは、重い物ほど早く落ちる、運動を維持するには力を加え続けなければならない、放たれた物体は勢いがなくなるまでは直進し、そこから垂直に落ちる、などのように考えていた。

それだと落下の速度が速すぎて
落下は重さによるちがいはないということしかわからない
だから私は斜面で落下速度を小さくして同じ大きさで重さのちがう球をころがして調べたのだ
そして重さに関係なく落ちる距離は落ちる時間の二乗に比例するとわかった
さらに斜面の実験でこんなことがわかった
垂直方向以外の速度で放たれた物体の動きは放物線である
そして同じ速さで発射されれば四五度の方向が一番遠くまで届く
こうしてアリストテレス以来のまちがった考えを正したのだ(注)
上り斜面では減速する
下り斜面では加速する
では水平面なら?
外力がなければ速度を維持する

前のページの水平面では速度を維持というとこね
狭い範囲ではそうだけど地球は丸いから水平だとだんだん登ることになる
だんだん高くなるっ!
だから正しくは外力がなければ等速円運動をするということです
惑星が楕円運動などするわけはない!!
これは重力を外力とは考えていないためのまちがいでガリレオの円慣性と呼ばれていますが正しい慣性の法則つまり外力がなければ等速直線運動というのはフランスのデカルトが唱えました
デカルトはまた直交座標系を考案して数式をグラフで表すことを始めました
これらがニュートンによってまとめられていくのです
むー
ルネ・デカルト
1596～1650

話は聞いてたがほんとブキミだな
悪うござんしたねっ
じゃしばらく消えますから地動説の話を
了解
一六〇九年だったかな
オランダで望遠鏡が発明されたという話を聞きまして
話だけから自分で作ってしまいました
ほら私天才だから ♪
でねたくさん作って王侯貴族や有力者にプレゼントしてね
それでパドバ大学の終身教授になれたのね
うっしっし
こーゆー人好きじゃないな
わたしはおもしろいから好みだけどね
きらいな人も多いだろうね
ガリレオさんあなた敵多いでしょ
キミ失礼なこと言うね

まあ私は短気でけんかっ早いし…
アリストテレスを批判してるからアリストテレス派には目の敵にされてるし…
人気者の天才だからやっかみからうらまれるし…
最後によけいなことを言うしね…

いやそんなことより
私が望遠鏡で天体を見てみると…
月は山あり谷ありででこぼこだ
木星
木星のまわりには四つの星（衛星）がめぐっている
金星
太陽
金星は満ち欠けがあり見かけの大きさが変わる
太陽のまわりを回っているんだ
太陽には黒点ができたり消えたりしている

一応注を付けておくと、一九六一年から一九七二年まで放映されたテレビバラエティ番組「シャボン玉ホリデー」でハナ肇の父にザ・ピーナッツの娘が「おとっつぁん、おかゆが出来たわよ」と言うところから始まるコントのパロディーです。

天体は完全な球であるわけでなく
永遠に不変のまま円運動を続けるというわけでもない
ケプラーの言ってたことが正しいわけね
私はこれらを一六一〇年に『星界の報告』一六一三年に『太陽黒点論』という本にしました
そして地動説の正しさを確信して
一六三二年に『天文対話』という本を出したのです
その本で教会の認めてる天動説を信じる人物をテッテー的に小バカにしてやったらローマの教会が怒ってねえ…
おとっつぁんお手紙が来たわよ
いつもすまないねえ…こんな時かあさんがいてくれたら…
それは言わない約束でしょ
ゴホゴホ
待て待て
そんなのわかる人いないぞ㊟
異端の疑い?
ローマへ来い?
病気で行かれません…
問答無用来い?
そんなご無体な…
一人しばいしてるよ
ふけたね
七〇近いからね

むー
あ ガリレオさん 審問どうでした?
いかん…
聞いたこともない前回の裁判の判決なんてのを持ち出してそれに違反してると…
なにがなんでも有罪にする気だ
有罪って…
ブルーノさんは火あぶりに…
言うな!!
まだ死ぬわけにゃいかんのだ
罪を認めて悔い改めてやれば殺すまではせんだろう
一六三三年六月二二日判決
ガリレオ・ガリレイを終身刑に処す
ひざまずいて異端誓絶文を読むように
いろいろ…
地動説を捨てることを誓います
いろいろ

閉廷！
あれ？
ガリレオさん ここで「それでも地球は動いている」とつぶやくんでしょ？
バカ言っちゃいけません こんなとこでそんなこと言ったら…
あなた私を火あぶりにしたいんですか
あー 新技術の人
みだりに被告に話しかけないように
ほら
へたすりゃあなたがたもつかまっちゃいますよ

はいスタジオです
おおあやしのアシスタントさん!!
その後ガリレオはフィレンツェ郊外のアルチェトリの別荘に軟禁され、そこで『新科学対話』という本を書きます
一六三八年発刊のこの本には落体の法則や振り子の等時性などガリレオの力学がまとめられています
『新科学対話』のとびら
ガリレオは実験、観察で確認して
それを数学的に表現する方法を始めたことが重要です
そんなところからガリレオは「科学の父」と呼ばれています
ガリレオには「数学は神が宇宙を書くためのアルファベットだ」ということばがありますが
その方向で完成したのがニュートンの力学だったわけです

第３話
ニュートン力学

さてそのニュートンの力学は
運動の三法則と万有引力とが基本ですが
地上の重力が月にも働いていて「万有」引力なのだということをこんな図を使って説明しています

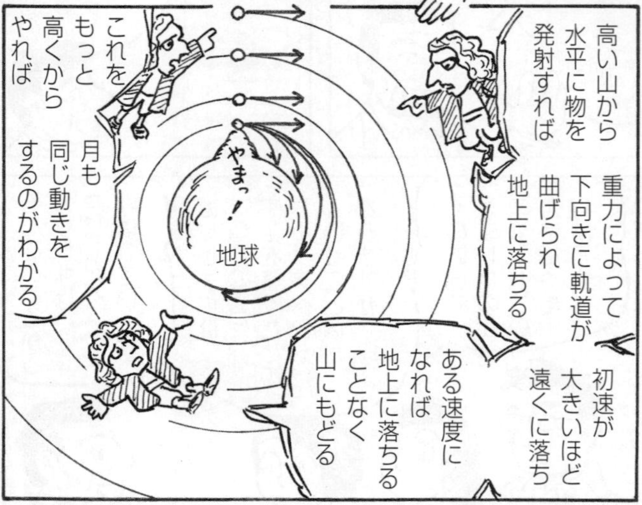
高い山から水平に物を発射すれば
重力によって下向きに軌道が曲げられ地上に落ちる
初速が大きいほど遠くに落ち
ある速度になれば地上に落ちることなく山にもどる
これをもっと高くからやれば
月も同じ動きをするのがわかる
やまっ！
地球

ニュートンは宇宙空間はなにもない真空の空間と考えていましたが
これにデカルト主義者たちがかみつきました
デカルトは渦動宇宙というものを考えていて
空間はエーテルという未知の物質で満たされていてそれが無数の渦を作っており渦の圧力が重力で惑星はその渦に乗って動くとしています
惑星
エーテルってアリストテレスさんが言ってた…
そう
よくおぼえていましたね
その古代のエーテルとは意味がちがいますが
力は直接接触によって伝わるから間に何か物質がないと天体に力は伝わらない…と
あいだ

だから万有引力のように間になにもないのに伝わるような神秘的な力を考えるべきではないと言うんですよ
あニュートンさん
はい先生はこちらに
予告なしに合成になるのね
あ
けどね現にそのような力が働いていてそれで天体を含めて物体の運動が説明できるなら十分でしょ
科学は実験や観察から原理を導き出すもので
その原理が誤りだと言える現象がない限り正しいとするべきです
たとえ「なぜ」かがわからなくても「どのように」さえわかればいいんですよ
じゃあ「どのように」万有引力が伝わるかは考えないんですか
キミやな質問するね

もちろん私も何もないところに力が伝わるとは思いません
考えたけど引力がどう伝わるかはわかりませんでした
だからといってデカルトの渦のようにこじつけの仮説を立てるのはまちがいです
私は仮説を作りません
あそれ聞いたことある
いいでしょこの決めゼリフ
ハイタッチ!!
いい!!
ただ公表していませんが
私はこう思っているんです
神はすべてのもとで万有引力も神のみわざです
そしてエーテルのようなものが神の作用を伝えている…と
ニュートンは神学者としても有名で㊟
またこのころは神への信仰は絶対だったのです
しかし一世紀ほどたつとガラッと変わります
おおブキミくん

ニュートンは自分を自然哲学者（現代の科学者のこと）と認識していたが、八四年の生涯のほとんどの時間は神学と錬金術との研究に使われた。また、後半生は政治家、高級官僚（造幣局長官）としても活動している。

その代表ラプラスさんです
おっ
おっ？
ピエール・シモン・ラプラス　1749～1827
フランスの科学者
実はニュートンの力学は当初ヨーロッパ大陸では受け入れられませんでした
そう
オカルト的で話にならんという認識で…
けどしだいに真価が理解されてきて
一般的な認知にはハレーのすい星が大きかったでしょうね
『プリンキピア』の出版の時出たハレーです㊟
一六八二年
おーすい星だ

ハレーは発音をそのままカナ書きすればハリ、またはハリーだが、「ハレーすい星」の名がよく知られているのでここではハレーで表記する。なお、本人はホーリと発音していたという説もある。

一六八七年『プリンキピア』刊行
おー
そしたらあのすい星の軌道も計算できる
そして一七〇五年『すい星天文学概論』を刊行
周期七六年の楕円軌道
地球
火星
木星
土星
次に出現するのは一七五八年
すい星
私はその時百歳をこえるから見られないだろうが
予言が的中したらそれを最初に示したのは一人のイギリス人だったと認めてほしい
すい星
その予言通りに同じすい星が現れたので
このすい星は「ハレーすい星」と呼ばれています
そしてそれはニュートンの力学の正しさを証明しているわけです
ところでニュートンは微分積分の計算法を発見していたのに
『プリンキピア』ではもっぱらユークリッド幾何学で説明をしています

運動の法則なんか微積分でやった方がずっとわかりやすいのにです
それにその微積分の発見自体公表していなかったから
ニュートンより十年ほどあとに微積分を独立に発見したライプニッツと先取権争いをしたりして…
私が微積分を公表したのは一六八四年のことです
ゴットフリート・ヴィルヘルム・ライプニッツ 1646～1716
ドイツの数学者
私は記号にとりつかれた人物といわれていて微積分でも計算に使う記号を工夫しまして
$\frac{d}{dx}\int_a^x f(t)dt = f(x)$
$\int$とか $\frac{d}{dx}$ とか…
ニュートンも初めは私を評価していたんですよ
ところが一六九〇年代にニュートンのとりまき連中がニュートンの考えを私が盗んだと言い出して…
どろ沼の論争がライプニッツが死ぬまで続けられて…
その後イギリスではいこじになって使いにくいニュートン式の微積分計算を使っているのでこのごろ（一八〇〇年ごろ）イギリスの数学や力学はさえないですよ

それでライプニッツ式の微積分を使ってこの人たちのような数学の天才たちがニュートンの力学を進化させます
ダニエル・ベルヌーイ
1700～1782
スイス
レオンハルト・オイラー
1707～1783
スイス
また一七八八年ラグランジュが『解析力学』という本を出しました
ジョゼフ・ルイ・ラグランジュ
1736～1813
フランス
数学で「解析」というと微積分のことです
この本で力学が一般化された形に表されぐんと汎用性が高まったのです
ところで三体問題というのをご存じ？
はい
待て待てはいじゃないです
ご存じないです
同じく

このような近似計算を繰り返して限りなく精確な値を出す方法は摂動論と言ってラプラスが一七八四年に考案した。この計算によって惑星の軌道に多少変動があっても太陽系は安定であるということが次ページの『天体力学概論』に示されている。

天体が二つならば運動の微分方程式はきっちり解けるけど三つ以上になると厳密解が出ないんだ
太陽と地球なら運動はわかるけど
月があると???になる
なんであんたがミニになる?
太陽
地球
太陽
地球
月
微分方程式なんてタツヒロくん解けるの?
いやという話を読んだことあるだけだけど
なーんだえらそうにミニになったくせに
いやそれだけわかってりゃいいですよ
すると太陽系全体の動きは???になる?
太陽系では太陽の力が圧倒的なので太陽との二体問題を考えてそれに他の惑星の影響を微小な補正項として加えて近似解を出すのです(注)

それらを私は『天体力学概論』という五巻の本にまとめました㊟
自信作ですからナポレオンに献呈しました
皇帝になる前統領時代で一八〇二年です
天体力学概論
ラプラスさん労作どうもありがとう
ところでこの本は天体の運動について論じていながら
神のことが書かれていないですね
閣下
私はもはやそのような仮説は必要としなかったのです
うはうは
聞きました？
神の存在を仮説だと切り捨ててますよっ
いわば力学の勝利宣言ですよねっ!!

『天体力学概論』は一七九九年に最初の二巻が発行され、一八〇二年第三巻、一八〇五年第四巻、一八二五年最終第五巻と刊行が続いた。一九世紀初頭までの力学の集大成で、すべての物理現象は原理的には力学計算で解明できるとしている。

なにあれ？
例の新技術です
先生さわいじゃだめでしょ
むぐ…
ブキミさんは？
いえコヤマ先生
あやしのアシスタントさんにラチされました
……
今の「力学の勝利宣言」ということばまさにそんな気持ちであの本を書いてるんですよ
私には夢があります
ある時点でのすべての物質の位置と運動量を知ることができたなら
そしてそのデータを解析できる能力を持った「知性」が存在すれば
過去から未来のすべての事象が見えるだろうな…と

そのような「知性」にはラプラスの悪魔という名がついてます
そんな考えを持てるほど力学は完成形になっていたのです
あやしの…
さらに力学の予知能力を証明することがこのころ起きています
一七八一年にイギリスのハーシェルが新惑星天王星を発見しましたが
長く観測してると計算で出る軌道とずれるのです
さらに外側に未知の惑星があるだろうと計算した通りの位置に海王星が発見されました一八四六年のことです㊟
海王星
天王星
土星
火星
水星
金星
木星
地球
こうして一九世紀はじめに完璧と思われた力学は
二〇世紀になると穴が見つかりました
力学おしまい
どんな穴かはあとのお楽しみ

注　海王星の軌道要素の計算はイギリスのジョン・アダムズとフランスのユルバン・ルヴェリエがそれぞれ独立にほぼ同じ結果を出し、それに基づいてドイツのヨハン・ゴットフリート・ガレが星図にない八等星として発見した。

第２章

電磁気学

第４話
エーテルのミステリー

すると光があった
ちゃうちゃう
光は波だからこうなります
クリスティアーン・ホイヘンス
1629 ～ 1695 オランダ
ニュートン
すると光があった
でも光は直進するから粒子だと思うんですがね
じゃあ
屈折はどう説明しますか？
私の考えはこうです
光の波を伝えるエーテルは宇宙にあまねくありますが
ガラスなどの透明物質ではその物質粒子がじゃまをして光は遅くなります
空気
透明物質

すると前ページの図のような形で屈折が起こるわけですよ
粒子説じゃこうはいかないでしょ
いやまぁエーテルの密度の高いところから光は遠ざかろうとして曲がるんじゃないかと…
それに薄膜（たとえばシャボン玉）の色について考えればやっぱり光は波です
ロバート・フック 34ページ ㊟参照
あフック
あなたとは話をしたくない
私はそれはエーテル粒子の発作じゃないかと…
発作？
なんですそれ？
しかしとにかくニュートンくんも光はエーテルと関係してることは認めてるわけだ

ええ まあ…
エーテルが どういうものなのかは 私には わかりませんが
始めに エーテル ありきで 我々は一致 したわけ ですな
よかった よかった よかった ね
はい おしまい
なんですか この 紙しばい
一七世紀の 後半を 代表する 科学者たちが エーテルの 存在は疑って ないのです
それが どんなものか わからない のにですよ
おかしな 話ですよね

そして一九世紀が終わるまでこの「始めにエーテルありき」で話が進むのです
ところでニュートンははっきり光は粒子だとは言っていませんが
粒子だろうという考えを持っていました
それを一六七〇年代に紙しばいにあったようにホイヘンスやフックの波動説にやりこめられていましたが
波
しだいに高まるニュートンの権威のもと
学者の多くが粒子説を支持するようになりました
粒子
ところが一九世紀にはいると様相が変わります
いいですか先生
くれぐれもはしゃぎすぎないように
おー
権力者だねえ

一八〇三年のイギリスですが…
なにやってんの?
控えおろう
この紋所が目にはいらぬか
新技術
ああ
新技術ね
よろしく
トマス・ヤング
1773～1829
イギリスの医者・物理学者
うさんくさい新技術を疑いもなく…というと
エーテルと同じ感覚ね
そうか新技術はエーテルなのか
新技術のせんさくはいいんですよ
エーテルですエーテル
そうですね
でキューピーさんはなにをなさったんですか
だれがキューピーさんですか?

えーと…ヤングさん
だいたいキューピーてのは一九〇九年に作られたキャラクターで…
今は一八〇三年ですよ
私がやったのは「ヤングの実験」と呼ばれているこういう実験です
光源
スクリーンに小さな穴をあけて点光源とします
その光を近接した平行な二本の細いすきま（スリット）を通すとこのスクリーンに…
こんな縞もようが出ます
これはね
光が波だという証拠です
粒子だったらこんなもようはできません

というのは左図のCのスクリーンで
中心ではAからとBからは同じ波が来て明るい
中心からずれるとAからとBからではxだけずれた波が来て…
光源
A
B
x
二重スリット
C
スクリーン
それでAからとBからの波の山と山が重なるようなところでは明るく山と谷が重なるなら暗くなるわけです
わかります?
わかります
わかり…ます…ような気がします
同じく
それとホイヘンスが言うように屈折率の大きい物質ほどその中での光の速度は遅くなる
ということも別の実験からわかって
それらのことを発表したら…
したら?

ニュートン先生の学説にそむくとは!!
光が波だとはなにごとだっ!!
それでもイギリス人かっ!!
ぼこぼこぼこぼこぼこぼ
ヤングさん!
これはプトレマイオスです…
うわごと言ってる
あぶない
救急車!!
あぶなくないです
ロゼッタ・ストーン㊟ですよ
解読したんです

ロゼッタ・ストーンはナポレオンのエジプト遠征軍がエジプトのロゼッタで一七九九年に発見した、紀元前二世紀頃の石碑。それに刻まれた古代エジプトの神聖文字（ヒエログリフ）の解読にヤングも一役買った。

ロゼッタ・ストーンの解読？
どういうことですか？
いえね
光の波動説を発表したらイギリス中からボコボコにされて
もう光はやめたんです
だからってなんで？
一九世紀のはじめはロゼッタ・ストーンフィーバーでだれもかれも解読に挑戦したんです
私も二歳で字を読んで神童と言われたくらいですから㊟やってみて「プトレマイオス」を解読したんです
ロゼッタ・ストーンの解読は一八二二年にフランスのシャンポリオンが完成したとされてますが
ま
それは物理学とは関係ないことで
光の波動説の次の証拠を見てみましょう

ヤングは「あらゆる学問に通じた最後の人物」と言われ、光の波動説、ヒエログリフ解読のほか、エネルギーという言葉と概念の導入、弾性体力学のヤング率、医学のヤング゠ヘルムホルツの三色説、音楽のヤング音律などの業績がある。

一八一八年のフランスですが…
またやってんの?
控えおろう…
ゴホ
ゴホ
オーギュスタン・ジャン・フレネル
1788～1827
フランスの物理学者・土木技師
やだ なんかじょうだん言えないふんいき
いや
私病弱だからそんなふんいきかもしれませんが
じょうだんかまいませんよ
ではおことばにあまえて…
光が波だという証拠を…
ええ
私の一八一八年の論文ですね
前に出たと思いますがホイヘンスの原理は球面波の包絡線として前進波が決まるというものですが
それだけだと定性的な説明はできるけど定量的な表現はできません

で、私は積分によって光の強度分布を求める計算式を作って光の回折を定量的に表したのです
回折というのはものにさえぎられた光が陰の部分に回りこむ現象です
ゴホ
ゴホ
光
かいせつっ!
かげっ!
それは実験とよく合いました
光は波なのです
それも縦波でなく横波
波の進行方向
縦波は波の進行方向に媒質が振動する波で
音波は縦波です
ゴホ
波の進行方向
ゴホ
横波は波の進行方向と垂直に媒質が振動する波で
剛体に伝わる波です液体や気体は横波を伝えません
ヤングさんも横波説をとってたようですが
ホイヘンスはじめこれまでの波動説は縦波としていました

横波なら
それを伝える
エーテルは
剛体という
ことだから
そう
宇宙がそんな
剛体で満ちて
いれば
惑星は動け
ませんよね
けど
横波
なんです
ムリして
アップに
なったり
しちゃ
体に悪い
ですよ
ゴホ
ゴホッ
ある種の鉱物
（トルマリン
等）では
二個を重ねて
光を通すと
重ね方の
角度によって
光の通り方が
変わります
明るいっ!
暗っ!
暗いっ!
光
ゴホ
進行方向しか
方向性を
持たない
縦波では
こんなことは
起こり
ません
これは
光が横波で
これらの
鉱物は
ある方向の
振動面の光
しか通さない
ということ
です
いろいろな振動面
特定振動面
ゴホ
ゴホッ

そのような特定の振動面だけの光を偏光といいます
フレネルの光学理論は方解石の複屈折などもよく説明できて広く受け入れられました
さおりん
わたしフレネルさんの看病してるから
あ
勝手なことしてんじゃないよ
しかしエーテルが剛体しかも光の速さからものすごく堅いというのは問題で…
どうしました?
看病?
ムダですフレネルは結核のため三九歳で若死にします
だったらなおさら…
わーもどっちゃった―!!
だから歴史を変えるようなことはだめですよ
AMIX

う…う…
アシスタントさんは悪魔だ…
フランスの数学者コーシー(注)が固体でもあり気体でもあるようなエーテルの性質についての理論を作りましたが十分な解決にはなりませんでした
しかしまあ一応はそれで納得したことにして粒子説では空気中から水などに光がはいる時何らかの力が働いて加速するとしていました
回復っ!
はやっ!!
空気
光
遅いっ!
水
ガラス
など
力
(加速)
速いっ!
一方波動説は水中では光速は遅くなると考えていたので
水中の光速が空気中より速いか遅いかが勝負の決め手になるわけです
次回はその光速測定の話になります

オーギュスタン＝ルイ・コーシー（一七八九～一八五七）は解析学で多大な功績を残し、「コーシー列」「コーシーの平均値の定理」「コーシーの積分定理」「コーシー・リーマンの関係式」などその名を冠した多くの定理がある。

第５話
光速は高速

という題名がついてますが
ふだんの生活の感覚では光は無限大の速度で瞬時に伝わると感じられます
デカルトは速度無限大と考えていましたがガリレオは
光の伝播には一定の時間がかかるはずだとして
初めてその測定を試みました
へぇ
ガリレオさんそんなことまでやってたんですか
ふた
ふたっ!!
このようなおおいのあるランプを使って

サッ
パッ
相手の光が見えたらすぐおおいを取る練習をしておいて
夜に遠くはなれて光が往復する時間を計ります
パッ
チカッ
距離を変えていろいろ計った結果…
結果？
判定不能でした
あ
地上で計るにはあまりにも方法がチャチだったわけで
一七世紀ごろに光速を計るには天文学的距離が必要でした
で最初に光速を測定したのは…

デンマークの天文学者レーマーさんです
オーレ・クリステンセン・レーマー
1644～1710
ハーイ
ハイ
どうやって光速を？
私は木星の衛星を観測していました
木星の衛星についてはカッシーニ(注)さんが運行表を完成していて
衛星イオの公転周期は四二・五時間なので
イオの食の開始や終了も四二・五時間ごとに起こるはずなのに観測の時期によって十数分のちがいが出るのです
木星のかげっ！
イオ食
木星
イオ
太陽
近代的な時計が発明されて一世紀ほどたっていてかなり精確な時間もわかるようになってます

ジョヴァンニ・ドメニコ・カッシーニ（一六二五～一七一二）はイタリア出身でのちフランスに帰化した天文学者。惑星およびその衛星の観測に多くの功績がある。土星の輪の「カッシーニの間隙」に名を残す。

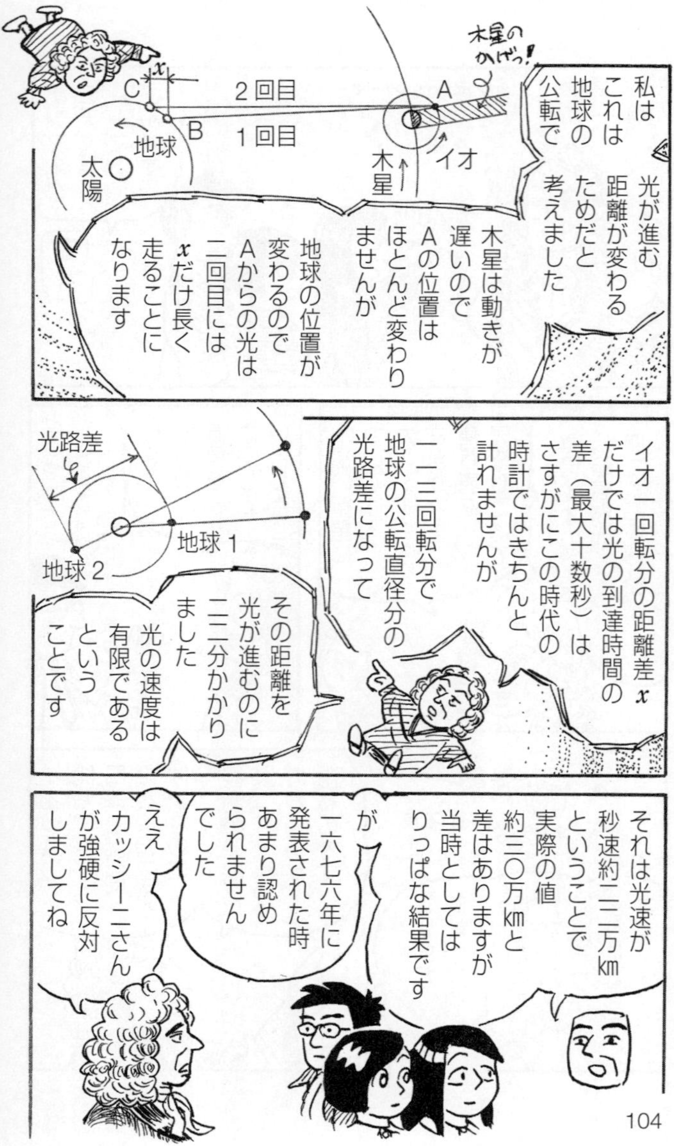
私は これは地球の公転で 光が進む距離が変わるためだと考えました
木星のかげっ!
A
C
x
2回目
1回目
B
地球
太陽
木星
イオ
木星は動きが遅いので Aの位置はほとんど変わりませんが
地球の位置が変わるので Aからの光は二回目には xだけ長く走ることになります
イオ一回転分の距離差x だけでは光の到達時間の差（最大十数秒）は さすがにこの時代の時計ではきちんと計れませんが
一二三回転分で地球の公転直径分の光路差になって
光路差
地球1
地球2
その距離を光が進むのに二二分かかりました
光の速度は有限であるということです
それは光速が秒速約二二万㎞ということで 実際の値約三〇万㎞と差はありますが 当時としてはりっぱな結果です
が 一六七六年に発表された時あまり認められませんでした
ええ カッシーニさんが強硬に反対しましてね

カッシーニさんはね
地動説を認めなかった
最後の天文学者でね
地球の公転なんか
もってのほかで…
それにデカルトの
光速無限大説を
支持する人も
多かったし…
へえ
あの
カッシーニが
ねえ…
ほんと
あの
…
どの
？
…
そんなわけで
光速が有限の
値を持つ
ということが
広く認め
られるには
あと五〇年
待たねば
なりません
でした
そして
五〇年たった
一七二八年
この
ブラッドリー
さんが…
ジェームズ・
ブラッドリー
1693～1762
イギリスの天文学者

私はね
一七二五年から
星の年周視差
(五七ページ参照)
を見つけようと
こんな望遠鏡で
観測していました
天頂を見たのは
大気による屈折を
最小とする
ためです
接眼部が
ネジで〇・一度ほど
南北に動かせて
一秒角程度の
観測精度が
あります
天頂
ぼーえんきょー
この方法は
六〇年ほど前
ロバート・フックが
考案したもので
…
フックの名を
口にするな!!
わわっ
あ
ニュートン
さん

ニュートンさん
あなたは
去年
（一七二七年）
死んで
ますが
え？
失礼
フックと
聞こえて
とりみだした
ようだ
ゲホ
ゲホッ
フックさんは
中途はんぱで
観測をやめ
ちゃいましたが
このアイデアは
すばらしい
ので…
ゲホ
フックの
名は
…
わっ
あ
いや
続けて
くれ
たまえ
おそるべし
ニュートン
さんの
執念
…
それで
観測を
続けて
おかしな
現象が
見つかって

年周視差で予想される動きとは全くちがう数十秒ほどの角度の変動があるのです
なんじゃこりゃあ～??
一年周期で同じ変動が出るぞっ!!
いろいろ検討した結果
これは地球の公転の動きによるものじゃないかと…
雨が…
動く車や電車から見ると傾いて見えるように
こっちからの星の光が
光の速度
あっちから来ているように見える
見る者が動く速度
地球の公転
地球の公転は秒速約三〇㎞なのでそれと星の見える方向のずれとから
光の速度は秒速約三一万㎞と計算されます

この地球の公転による星の見える方向の変化は年周光行差と呼ばれます
この現象によって光速が有限と証明され
また地球が太陽のまわりを動いていることの動かぬ証拠となったのです
さて地上で光速の計測ができたのはそれから百年ほどあとで
はい着替えて
う…あやしの…
さて時は一八四九年
フランスの物理学者フィゾーさんです
こんちは
ん?
アルマン・フィゾー
1819～1896

これが光速の測定装置ですか
うん
これとね
あっちの丘
あっちの丘の上の反射器とでね
えーあんなに遠く…
相手が光だからね
なるべく長く走らせないと精度が出ないからね
約八・六㎞です
光は半透明の鏡（ハーフミラー）で反射して丘まで往復しそれをハーフミラーを通して観測します
目っ!
レンズ
光源
ハーフミラー
①
②
8.6km
レンズ
反射鏡
8.6km

光源
でレンズAの焦点のところに
A
B
歯車
歯の間を光が通るようにした歯車を高速で回転させます
回転が遅い時は光は行きと同じすき間を通って帰れますが
行き
帰り
歯②
歯①
光
光
歯②
歯①
動いたっ！
回転を上げると帰って来た光を動いた歯がさえぎって観測できなくなります
歯②
歯①
歯②
歯①
動いたっ！
さらに回転を上げると光が帰るまでに次のすき間が移動してまた見えるようになります
その明暗の変化とその時の歯車の回転数とから光が八・六kmを往復する時間が計算できます

これで秒速三一万㎞という速度を得ましたが
地上で光速が計れるとなればいよいよ水中と空気中とで光速がどうなるかですが
水中では光はあまり長い距離までは届かないのでフィゾーのやり方ではムリで…
それはフィゾーの測定の翌年一八五〇年に同じフランスの物理学者フーコーさんがやりました
レオン・フーコー
1819～1868
で結局水中の方が遅かったわけですね
いやま順を追って
私は高速回転する鏡を使って実験をしました
水蒸気
小型の蒸気タービン
回転鏡

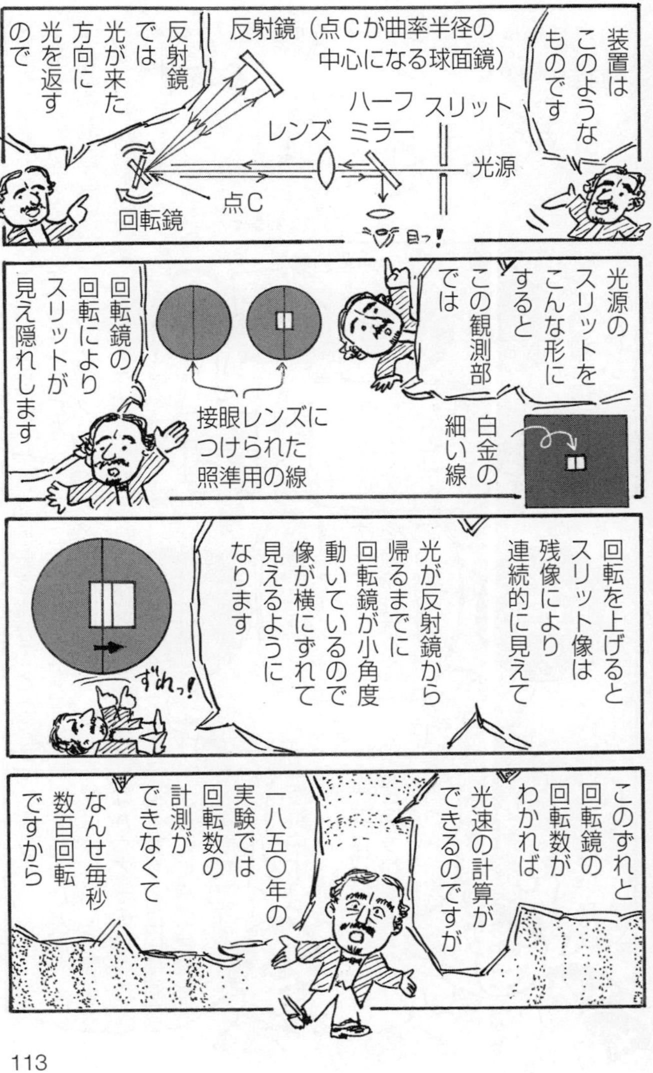
装置はこのようなものです
反射鏡（点Cが曲率半径の中心になる球面鏡）
スリット
ハーフミラー
レンズ
光源
点C
回転鏡
目っ！
反射鏡では光が来た方向に光を返すので
光源のスリットをこんな形にすると
この観測部では
白金の細い線
接眼レンズにつけられた照準用の線
回転鏡の回転によりスリットが見え隠れします
回転を上げるとスリット像は残像により連続的に見えて
光が反射鏡から帰るまでに回転鏡が小角度動いているので像が横にずれて見えるようになります
ずれっ！
このずれと回転鏡の回転数がわかれば光速の計算ができるのですが
一八五〇年の実験では回転数の計測ができなくて
なんせ毎秒数百回転ですから

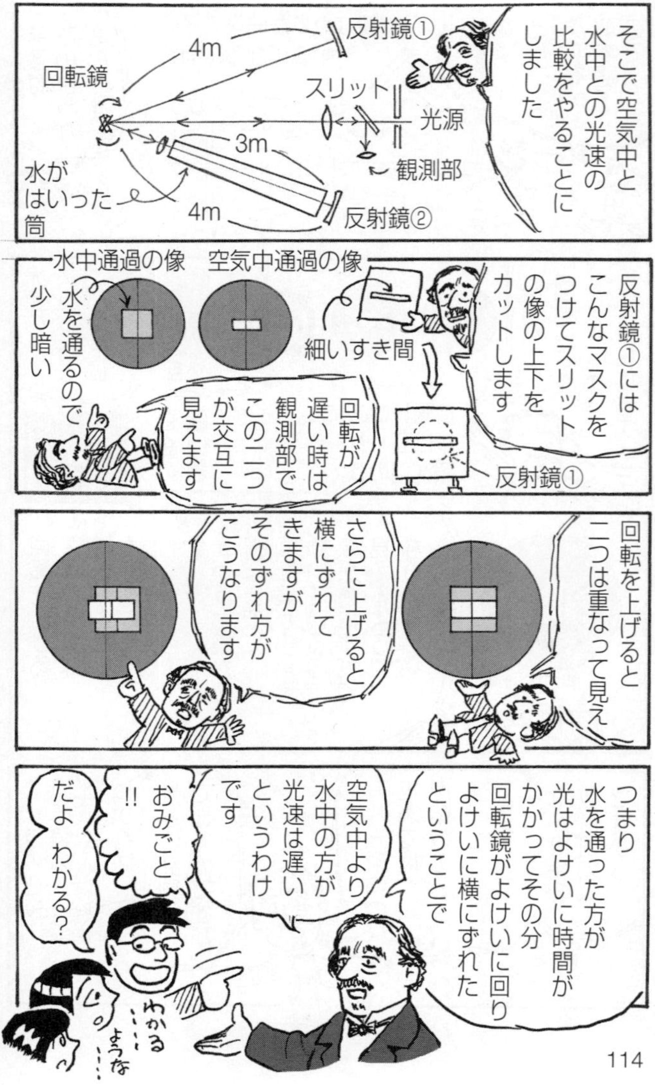
そこで空気中と水中との光速の比較をやることにしました
反射鏡①
4m
回転鏡
スリット
光源
3m
観測部
水がはいった筒
4m
反射鏡②
反射鏡①にはこんなマスクをつけてスリットの像の上下をカットします
細いすき間
反射鏡①
空気中通過の像
水中通過の像
水を通るので少し暗い
回転が遅い時は観測部でこの二つが交互に見えます
回転を上げると二つは重なって見え
さらに上げると横にずれてきますがそのずれ方がこうなります
つまり水を通った方が光はよけいに時間がかかってその分回転鏡がよけいに横にずれたということで
空気中より水中の方が光速は遅いというわけです
おみごと!!
だよ わかる?
わかる……ような……

実際に見てみますか？
あ 見える
あっ あっ
横に…
わ
ずれ方がちがう！
キィーン
わー ほんとだ
実際に見たらわかった気がするっ！
見ないでもわかれよ
さて これで
光は波動だということが確定しました
フーコーはその後回転鏡の回転数がわかる工夫をして一八六二年に秒速二九・八万㎞という光速を発表してます㊟
光速の測定の話はひとまず終わりますが
光が波だということや光速の話はあとでも出るのでお楽しみに

現在、真空中の光の速度は毎秒二億九九七九万二四五八メートルとされている（現在の定義では光速の方が基本で一秒間に真空中を光が進む距離の二億九九七九万二四五八分の一を一メートルとする）。

第６話
電気と磁気

電気　electricity
磁気　magnetism
電気と磁気は英語でこうなりますが
電気の方の語源は
ギリシア語のエレクトロン（こはく）です
こはくをこすると静電気が発生して軽いものを引きつけることから来た名前です
磁気の方は
古代ギリシアのマグネシア地方に鉄を引きつける石が多く見られたということからのようです
磁気は方位磁石に利用されたぐらいで
電気は静電気をためこんで放電による火花を化学実験に使うぐらいでした㊟

イギリスのヘンリー・キャヴェンディッシュ（一七三一～一八一〇）は水素と酸素を入れた密閉容器内で電気火花を起こして水を合成し、それまで元素と考えられていた水が水素と酸素の化合物であることを示した。

ところが一八世紀の終わりごろからがぜん様子が変わります
まず一七九一年に…
ルイージ・ガルヴァーニ
1737〜1798
イタリアの医師・生理学者
だれがカエルのダンス教師ですかっ！
だれもそんなこと言ってませんよ
いや言ってるんです
あれ？スタジオに出てきた
ちょっと二、三人パパッと見るので簡易方式でね
ガルヴァーニは一七八〇年に電気でカエルの足がけいれんするのを発見し
パチーン
ピクッ

その後電気がなくても二種の金属をふれると同じように足が動くので
ピクッ
カエルの足の筋肉から電気が発生していると考えて一七九一年に「動物電気」として発表しました
この発表は注目を集め大評判になりました評判になれば当然悪く言う人も出てカエルのダンス教師という呼び名がつけられたわけです
だれがカエルのダンス教師ですか!!
わ〜
ボクは言ってませんよ
動物電気に対してヴォルタはカエルの足は単なる検知器で「二種類の金属」の方が重要だと気がつきました
アレッサンドロ・ヴォルタ
1745〜1827
イタリアの物理学者
二種の金属の間に塩水があれば電気が発生する
ゲホッ

手近な金属のうちよく電気を発生するのは銅と亜鉛だ
銅
亜鉛
その二種の金属の円盤の間に塩水（またはアルカリ水）を含んだ布をはさみ…
それをこう重ねると
大きな電流を得られる
こうして一七九九年にいわゆる「ヴォルタの電池」が作られ一八〇〇年に公表されました
電流
電流
電流
ここで初めて持続的な電流というものが利用できるようになったのです
電流
電流
電流
電流
そしてさっそく電池発明発表と同じ一八〇〇年
イギリスのカーライルとニコルソンが水が電気分解で水素と酸素に分解されることを示し
また同じ年ドイツのリッターが硫酸銅の電気分解で銅を析出させました

化合物が電気分解で単体に分解できるとわかって
多くの学者がいろんなものを電気分解しました
その中でイギリスの化学者デイヴィーがすごい
ハンフリー・デイヴィー 1778～1829
おおっ
新発見だ！
なに？
なに？
なんだかわからないものができた
はい みんなで万歳三唱！
バンザーイ
あなたもなにかのダンス教師ですか？
なにかの？
いや教師じゃないですが今のは喜びの表現です

実際に一八〇七年に電気分解でカリウムを発見した時は
一人で踊り回ったようですが
もう一曲
エンリョします
それを最初に翌年にかけてナトリウムマグネシウムカルシウムストロンチウムバリウムと一人で六種も元素を発見してます
さて電池から得られる電流によってさらにいろんなことが…
おクロマキー
二、三人は終わったのね
時は一八二〇年デンマークのコペンハーゲン大学です
デンマークの物理学者エールステッドはバツグンの優秀さで若くして物理学教授になってます
さてお立ち会い…じゃなくて
学生諸君
ハンス・クリスティアン・エールステッド
1777～1851

今日は電気の話
ところでこれは方位磁石です
これをたまたま偶然にここに置きます
えーと北はあっちですね
これはヴォルタの電池で
スイッチを入れると
この線に電流が流れるのですが
見た目に何の変化もありません
この時この電池の中では…
…ん?
ん?
ん?
カチカチ

む〜
教授 電池の 中が どうなるん ですか
あ〜
今日の 話は 終わり 帰って
え〜
どう したん ですか
いや これは …
今電流は 切って ます
北は あっち です
電流を 流すと
ほら
針の 向きが 変わって
あっちが
こっちに
電線に 近づけると もっと 変わる
新発見 ですよ これは
たまたま ここに 磁石が あったので 気がつき ましたが
たまたま って…
モロに 意識的に 置いてた ように見え ましたが…

ダンスは今度はさおりんとしてください
え〜
ダンス？なんでこんなところで？
あれ新発見でしょ
ダンスじゃないんですか
あいにくエールステッドが踊り回ったという話は伝わっていません
が電流が磁石に影響を与えるという話はただちに各国に伝わりました
そしてフランスでは…
なんだつまんない
まきこまないでよ
ビオとサヴァールがそれを定量的に調べました
あ動かないで
ジャン＝バティスト・ビオ 1774〜1862
フェリックス・サヴァール 1791〜1841

なんですこれ？
磁針です
空気が動くとこれの振動に影響するのでじっとしていてください
ちょっと解説しましょう
方位磁石をトンと置くと
トン
N
S
針は安定するまで振動しますが
それは振り子と同じ単振動です
同じ場所なら地磁気は一応一定なので磁針の振動周期は一定ですが
磁力が強ければ周期は短く弱ければ長くなります
そこで垂直に電線を張って
電線
電流
磁針
そのまわりのいろんな所で小さな磁針を振動させて周期を計ります
チッ
チッ
チッ
当然このまわりには電流による磁気のほかに地磁気が働くので
電流
その影響を取りのぞく工夫を加えてのことです

フランスのシャルル＝オーギュスタン・ド・クーロン（一七三六〜一八〇六）が一七八五年に発見。二つの電荷の間に働く力は電荷の積に比例し、電荷間の距離の二乗に反比例するというもの。

で
結果
直線電流では
電線からの距離に
反比例した
電流が右ネジの
進む方向なら
ネジの回る方向の
磁力が発生します
さらに
折り曲げた電線での
計測と解析的な
検討によって
電線の微小部分を
流れる電流が
任意の点に置かれた
磁石にどれだけの
力を与えるか
つまりその点に
どのような磁場が
できるかを
数式化しました
これは静電場での
クーロンの法則㊟
にあたるもので
これを電線に沿って
積分すれば電流による
磁場が計算できます
数式で書けば
クーロンの法則
との対応が
はっきりするの
ですが
数式は
出さずにと
番組の方
から…
ことばでの説明では
かえってわかり
にくいかも…
とにかく
電流による磁場の
発生は明らかにされ
これは私たちの名を
取って
「ビオ＝サヴァール
の法則」といいます
コマいっぱい
セリフに
なって…
数式の
方が
わかり
やすいんだと…
わかる人
たはは

アンドレ=マリ・アンペール
1775～1836
フランスでエールステッドの話から重要な発見をしたのは他にアンペールがいます
ハーイ
ハーイ
ノンノン
こう
こう？
そう
で親指が電流の向きで他の指が磁場の向きね
さっきビオとサヴァールが右ネジの法則で説明してたけどそれは日本流で欧米流はこの右手の法則ね
エールステッドの話を聞いた時そのことはすぐわかりました
さらに電流で磁力が発生するなら電流同士の間で力が働くだろうと

電流
電流
吸引力
反発力
電流
電流
実験して同じ向きの電流ならば引きつけ合い逆向きならば反発し合うのが確認できました
それらのことをエールステッドの話を聞いて一、二週間で論文で発表しました
ところで先ほどから「電流の向き」と言ってますが
電流
電池
電気は目には見えないからどっちに流れているのかわかりません
そもそも何がどうやって流れているのかさえわかりません
けれど一番上のコマにあるように
何かが向きを持って流れているのは明らかです
そこでフランクリン㊟が言っているように正電荷が「電気流体」として流れると考え電池のプラス極からマイナス極へ流れているとしました
一九世紀終わりに電子が発見されてマイナス電荷を持つ電子の移動が電流だとわかり上で定義した向きと逆になるので多少混乱が生じますが…
多少じゃないですよっ！
あの混乱はあなたのせいですか

ベンジャミン・フランクリン（一七〇六〜一七九〇）はアメリカの政治家、科学者。アメリカ合衆国建国の父の一人として讃えられている。科学者としては電気の研究が知られ、雷が電気であることを明らかにし、避雷針を発明した。

授業で電気やった時あんたらも電流のことで混乱したろ
電流のこと以前から混乱してたけど
女子は電気は弱いのだっ！
ふんぞり
かえりっ
そこでいばってちゃいけません
アンペールは電流と磁場との関係を数式化して明らかにしました
閉じた経路にそって磁場の大きさを足し合わせた（積分した）量は閉じた経路を貫く電流の和に比例する
というものでアンペールの法則と呼ばれますが
わからないでしょ
それが日本語かどうかもわかりませんっ！
ふんぞり
かえりっ
まあ高校あたりまでは
電流が流れると右手の法則で磁場ができるということさえわかっていればよろしい
あ それはわかりました

アンペールは円形の電線を流れる電流の研究もして
それをつらねたこういうものをソレノイドと呼びます英語ではコイルね
これに電流を流すと磁石と全く同じ性質を示します
で、私は磁気を持つ物体は内部に微小な回転電流があると考えましたが
これはあまり受け入れられませんでした
のちにこの考えは正しいことが判明しています
ここに出た人たちは電磁気関係の単位名になっています
このように電気と磁気は関係しあうものだとわかり電磁気学という分野ができたのです
人名 単位名 記号
ヴォルタ ボルト V 電位差（電圧）
アンペール アンペア A 電流
オーム(注) オーム Ω 抵抗
エールステッド エルステッド Oe 磁場
AMI

ゲオルク・ジモン・オーム（一七八九〜一八五四、ドイツの物理学者）は磁気との関係があまりないのでここでは登場していないが、電位差は抵抗と電流の積、というオームの法則を発見し、電気回路解析という分野を開いた。

第7話
製本屋ファラデー

前回の話で電磁気学の誕生を見てきましたが
入り口のできたこの分野の内部を開拓したのがイギリスのファラデーです
コンデンサーなどの静電容量の単位ファラド（F）に名を残しています
マイケル・ファラデー
1791～1867
イギリスの自然哲学者(注)

ファラデーは研究生涯を王立研究所で過ごします
王立研究所は科学の普及と日常生活への活用を目的に講演や実験を行うため一七九九年にロンドンに設立されました
その目的にそい一般向けの公開講座が大きな役目を持っていました

THE ROYAL INSTITUTION OF GREAT BRITAIN

(注) ニュートンのところでも出たが、一九世紀前半まで「科学者（サイエンティスト）」という言葉はなかった。その言葉が成立する話はあとで述べるが、その後もファラデーは科学者と呼ばれることを好まず、自然哲学者でありたいと思っていた。

公開講座を行う教授の初代はガーネットという人で二代目が光の波動説のヤングです
これはプトレマイオスです
わかりましたわかりました
そしてその次がデイヴィーですまあデイヴィーはガーネットの時代から講演助手をやってましたが
わあ
なに？なに？
教授就任祝いで
さてファラデーのことですが彼は昔の学者としては珍しく下層階級の出で、ロンドンのスラム街で生まれました
さおりんの番なのに…
知らないわよ
教育としては読み書き算術くらいしか受けておらず一三歳から製本屋の徒弟として働いています
製本屋といっても現代とは趣がちがって

表紙に革を貼って金箔で書名や装飾を入れて工芸品として仕上げるのです
BOOK
まじめな働きぶりで親方に気に入られたファラデーは仕事場にある本を仕事の合間に読んでよいとされ
片っぱしから読んでいくにつれ、科学に関心を持つようになりました
そして王立研究所の公開講座を聞きに行くようになったのです
デイヴィーの講演も何度か行ってます　ではそれを見てみましょう
なんですかこの服は？

公共の場ですからねご婦人方は着飾って出席したのです
特にデイヴィーはイケメンで話もうまいし女性に大人気で
女性たちはおしゃれを競って目立とうとしたのです
ファラデーのとなりに三つ席をあけておきましたから
やあこんばんは
ここではダンスはしないでください
しませんっ!

はい ごめんなさい
あなたがファラデーさん？
ええ
デイヴィー先生とお知り合いですか？
なにかお話しされていたような…
まあ知り合いというか…何度かダンスを…
お〜そんな方のとなりとは光栄な！
デイヴィー先生はね私のあこがれの人でして
私もあんな科学の仕事ができたらなあと思っているんですよ
そのノートは？
先生の講演の記録です
こんな絵も入れてまして

ファラデーは絵も上手で そんなノートを清書して お得意の製本技術で きれいに仕上げて
やあ ふだん着になった
あんなデコデコした服はねえ…
助手になりたいという手紙とともにデヴィーに送りました 一八一二年暮れのことです
ほう こりゃりっぱな 一度会ってみようか
今はね仕事ないけどあれば知らせる
はあ…
あれだけ熱心なんだから雇ってあげれば…
いやまあ研究所にも予算があって
ところで私は今三塩化窒素について実験していまして
フランスのデュロンが作った化合物ですが 爆発性があってデュロンは指二本と片目をなくしています
あぶないですから近寄らないでください

ぼん
ほらね　あぶないでしょ
わ～
血だらけ…
まいりました　しばらく目は見えないそうで
一人秘書役を入れなければ…
折も折助手に一人欠員ができて　そうだファラデー君を…
というわけで一八一三年三月ファラデーは王立研究所の助手に採用されました
ありがとうございます
これもみなさんのおかげです!!
いや　おかげというほど…

はじめは下働きでしたが
実験器具を洗ったり実験室のそうじをしたり
うん飲み込みが早い
あとはやっておいてね
はいっ
しだいに実験をまかせられるようになって
よーしいい結果が出た
次はここをこうしたらどうでしょう
実験室の貴重な戦力になっていきました
一八一六年に初の論文を書いた後次々と論文を発表していきます
はじめのころは主に化学の論文で
しかし自分の論文を発表できるなんて夢のようでした
一八二〇年にエールステッドの発見があってファラデーも電磁気学に向かうことになるのですが
それがしばらく停滞するエピソードがあります
そうなんですよねえ…

電流によって円形に磁力が発生するなら磁石を使って連続的な円運動が得られないかと…
こうやってみたけどだめだった
ウォラストン(注)
私にもやらせてください
うん こんな新しいことは若いモンがいいかも
いろいろ考えてこうしました
金属棒（自由に動ける）
電線
磁石（固定）
水銀（電気を通す）
電線
これでスイッチを入れれば
金属棒のまわりにできる磁力と磁石が反発して
金属棒が回転
…
カチッ
電池
したっ!!
回った回った
私も回りました

ウィリアム・ハイド・ウォラストン（一七六六～一八二八）はイギリスの科学者。太陽光スペクトルの中の暗線（フラウンホーファー線）の発見、ロジウム、パラジウムの発見などがある。一八二〇年に王立協会の会長になる。

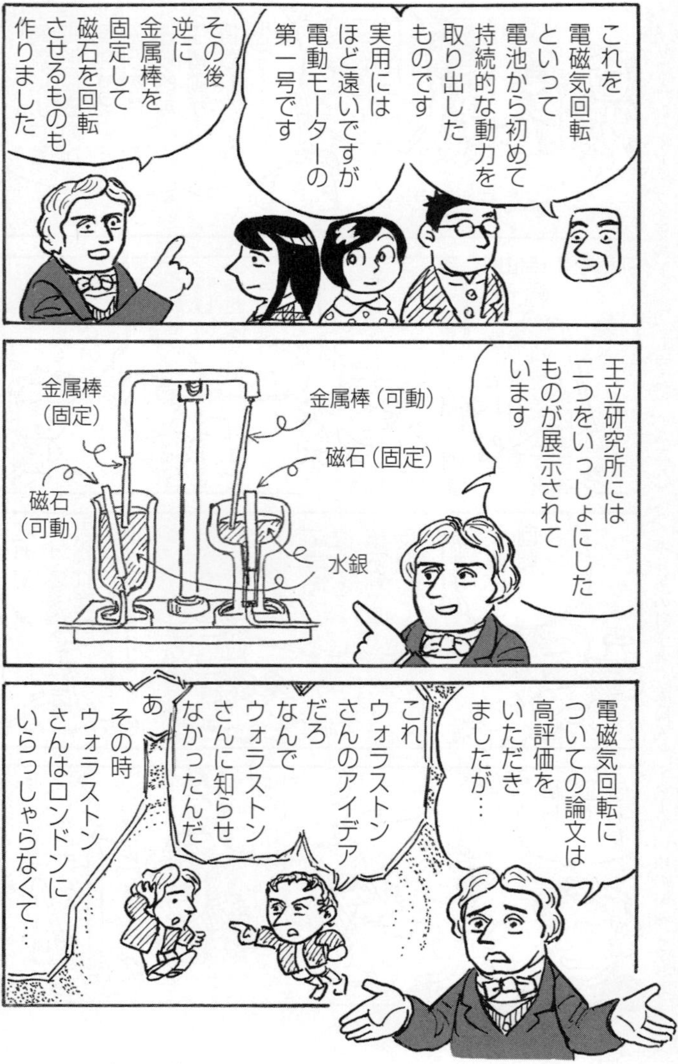
これを電磁気回転といって電池から初めて持続的な動力を取り出したものです
実用にはほど遠いですが電動モーターの第一号です
その後逆に金属棒を固定して磁石を回転させるものも作りました
王立研究所には二つをいっしょにしたものが展示されています
金属棒（可動）
磁石（固定）
金属棒（固定）
磁石（可動）
水銀
電磁気回転についての論文は高評価をいただきましたが…
これウォラストンさんのアイデアだろ
なんでウォラストンさんに知らせなかったんだ
あ
その時ウォラストンさんはロンドンにいらっしゃらなくて…

早く論文を出さないとだれかに先を越されるかもと思いましてご不在でもあり報告があとになりましたが
…
ふーん若いモンはやることが早いよねっ
まあおいおいウォラストンさんには理解いただきましたが
それ以後デイヴィー先生からの研究の指示は電磁気関係以外のものばかりで
…
私としても電磁気はちょっとはばかられて
そんな中一八二三年に…
塩素化合物の固体を加圧して密閉したガラス管の中で加熱するとどうなるかやってみて
はい
熱すると融けて
冷やすと固まる
熱っ!
冷っ!
ふむ
もしかしてこういうガラス管で
こっちで熱して
こっちで冷やしたら
…

おおっ
こっちに黄色い液体がっ!
塩素だ!
先生! 塩素の液化ができましたっ!!
!
加圧と冷却により気体を液化する技術を得たわけです
これはのちに低温科学へつながります
ところで塩素はデイヴィーに縁の深い物質で…㈟
自分の得意分野で助手が大成果を出すのが気にさわったのか
「ファラデーに実験手順を指示したのは自分で、自分はこの結果を予想していた」
という一節を書き加えてそのまま発表してしまいました
うわ~
なんでそんなことしたんでしょうね
たぶん精神に変調をきたしていたんです

塩素は一七七四年にスウェーデンの化学者シェーレによって発見されたが、デイヴィーはそれが元素であるとして、黄緑色の気体であることから黄緑のギリシア語にちなんで chlorine と命名し、多くの塩素化合物の研究をした。

塩素の液化の論文が出たころ…
おまえを王立協会の会員にとの推薦状が出てる
この時王立協会会長
はい
ウォラストンさんも推薦人に加わっていただいているようで
辞退しろ
は？
おまえは会員にふさわしくない
辞退しろ！
そんな…
辞退する理由がありません
ファラデーを会員にしてはいけません
大学も出てないんですよ
いやそれ以上に業績が
電磁気回転ではウォラストンさんのアイデアを盗んで…
いやあれはファラデー君の独自の発見だよ
ファラデーを会員にするな！
一人デモ
常軌を逸してますよね
異常だったと思うしかありません
はぁ〜

一八二四年に行われた選挙では私を会員にするのに反対は一票だけでした
その一票がだれかはミエミエですが
けどね
一八二五年にはデイヴィー先生は私を王立研究所の実験室主任に推挙してくださって
変調から回復したんだと思います
おー
そりゃよかった
デイヴィーは前から健康を害していて
そこへもってきてファラデーがはなばなしい活躍をしたんでおかしくなったのでしょう
健康を害してたらあんなに踊っちゃだめでしょ
いや
あのころはまだ元気でしたから

一八二六年に職を辞してスイスで療養しているところです
辞してってまだ五〇前だったでしょ
化学者ですから毒になる気体を吸ったり毒になる液体をなめたりしましてそれが体を破壊してるんでしょうね
早くなおしてまた研究を…ファラデーさんも待ってますよ
ファラデーねえ…
私の最大の発見はファラデーだということばはご存じですか
へえそんなことばが…
名言…でしょうね
以前は私をやゆしてるとしか思えなかったんですよ
けどこの静かな所でゆっくり考えると
名言ですね
一八二五年には重ガラスの製造ベンゼンの発見などがあるし王立研究所の公開講座でも大活躍だし
これからもっと業績をあげますよ

あの製本屋がねえ
もう私の出る幕はありませんよ
それに私は父親からの遺伝の心臓病があるようで
たぶんあまり先はないでしょう
そんな気弱なことを
…そうだ元気づけにダンスしましょ
踊っちゃだめだって言ってませんでした？
これでもし私が死んだらあなたのせいですよ
で、翌日未明デイヴィーは心臓病のため亡くなりました一八二九年五〇歳です
えぇ〜
わ…わたしのせいなの？
歴史は変えられないんでしょ

歴史を変えてはいません
デイヴィーはあんなふうに言いましたがダンスのせいじゃありませんから
う…う…
アシスタントさんの陰謀だ…
さて
デイヴィーのくびきから解放されたファラデーは
本格的に電磁気の研究を始めました
回復っ！
はやっ！
そしてまず一八三一年に電磁誘導の発見があります
一八二〇年のエールステッドの発見により電流で磁力が作られるのがわかりました
電気と磁気は関連があるのです
じゃあ
逆に磁力から電流を作れるのではないかと…

こんな装置を作りました
鉄の輪
コイルA
コイルB
電池
スイッチ
検流計
コイルAに電流を流し鉄の輪を磁石にしたらコイルBに電流が流れるかどうか…
スイッチを入れると…
流れたっ!
ピクッ
検流計
検流計
と思ったら針がもどった
スイッチを切ったら逆方向にふれてまたもどった
ピクッ
じゃあ磁石でやってみると…
コイル
検流計
動かしっ!
検流計
止めっ!
磁石をコイルに入れたり出したりすれば電流が流れるが止まっていると流れない
そこで考えました
こんな図をご存じですか
あ小学校でやった!
ガラス板
鉄粉
下に磁石

これは磁力を伝えるこんな線があるということです
これを私は磁力線と呼びました㊟
N
S
で
導体が磁力線を切る形で動く時電流が発生すると考えたのです
磁力線
動く
導体
その考えでこんな装置で連続して電流を取り出せました
銅円盤
U字磁石
この箇所で円盤が磁力線を切る
円盤の軸と接触
検流計
円盤の縁と接触
以上がファラデーの発見した電磁誘導で上図の装置は初の電磁式発電機です

ファラデーは磁力線および電気力線で磁場、電場を視覚的に表現することを考案し、磁場や電場は独立した物理的実在であると考えた。高等数学ができなかったファラデーの発想を数学的に表現したのが後に出るマクスウェルである。

静電気
ヴォルタ電池
電磁誘導
動物電気
（エイ、ウナギ）
一八三二年にはこれらによる電気はみな同じものだと実験で確認しました
また電気分解に関して新たな用語を導入しています
特に動物電気は特殊なものと思われていました
用語は私は学がないのでケンブリッジ大学のヒューウェルさんにギリシア語について助けてもらって
ヒューウェルです
electrolysis 電気分解
electrode 電極
anode 陽極
cathode 陰極
electrolyte 電解質
ion イオン
cation 陽イオン
anion 陰イオン
など
ウィリアム・ヒューウェル(注)
1794～1866
ところで私は科学の研究者を表すことばが必要とされていると考え
scientist
科学者
この単語を造りました一八四〇年のことです
まず力学がそうでしたが数理化が高度に進んで専門的教育を受けた専門家集団が形成されてきたのです

ヒューウェルはイギリスの科学者、哲学者、神学者でカント流の合理主義的科学哲学を展開し、後の科学哲学に大きな影響をあたえた。「科学者」のほか「物理学者（physicist）」の語も造った。

産業革命が進展して社会がそんな専門家集団を必要としてきましたし
ファラデーさんはそういう高等教育は受けてませんよね
だから私は自然哲学者だと思ってます ただ数学が使えないのは痛いですが
ファラデーさんの場合は電磁気というまだ専門化されてない分野で活躍できたという幸運がありますが
数学ができなくても「真理を嗅ぎつける」(注)天才がある超一流の科学者ですよ
わーやめてください
こそばゆい…
さて発見は続きます
一八三三年には「ファラデーの電気分解の法則」
1. 電気分解で生じる物質の量は通過する電気量に比例する
2. 電気分解で生じる物質の量はその物質の電気化学当量に比例する
電気化学当量についてはは適当な参考書で見てね
またミニだ

（注）「ファラデーは真理を嗅ぎつける」というのはドイツの物理学者フリードリッヒ・コールラウシュ（一八四〇～一九一〇）の表現である。

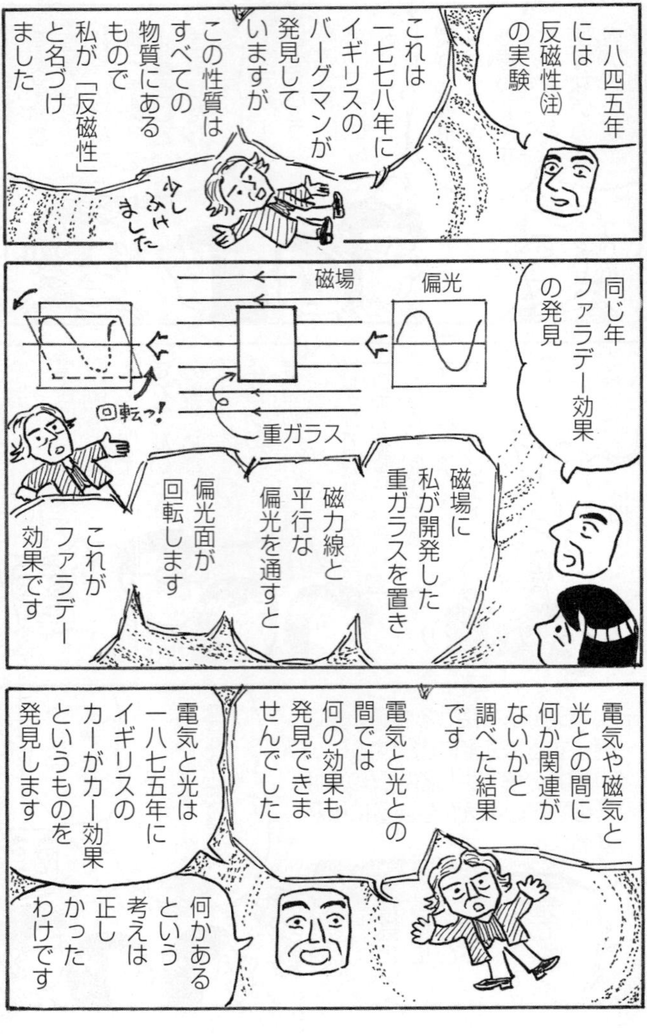
一八四五年には反磁性㊟の実験
これは一七七八年にイギリスのバーグマンが発見していますがこの性質はすべての物質にあるもので私が「反磁性」と名づけました
少しふけました
同じ年ファラデー効果の発見
偏光
磁場
重ガラス
回転っ!
磁場に私が開発した重ガラスを置き磁力線と平行な偏光を通すと偏光面が回転します
これがファラデー効果です
電気や磁気と光との間に何か関連がないかと調べた結果です
電気と光との間では何の効果も発見できませんでした
電気と光は一八七五年にイギリスのカーがカー効果というものを発見します
何かあるという考えは正しかったわけです

磁場の中で物質が磁場と逆向きに磁化され磁石と反発し合う力を生じること。反磁性は非常に弱いため磁石と引き合う鉄などの常磁性体ではこの性質は隠れて目立たない。

私は自然界のすべての力は同じ起源を持って
相互に関連があると信じていて
一八五〇年前後から重力と電気の関係の実験をしましたが
何の結果も出ませんでした
また私の最後の実験は磁気で光のスペクトルに何らかの効果が出るかというものでしたが
これも何も出ませんでした
人生失敗の連続なのです成功はたまたまなのです
失敗したといっても力の統一の考えはのちの統一場理論のさきがけですし
磁気と光のスペクトルではゼーマン効果(注)がのちに発見されています
技術や装置が未熟だったから結果は出ませんでしたが
真理を嗅ぎつける超一流の能力のあらわれです
わーやめてください
こそばゆい
AMI

ゼーマン効果はオランダの物理学者ピーター・ゼーマン（一八六五～一九四三）が一八九六年に発見した。原子の発光スペクトル線が、磁場がなければ単一のものが磁場の中では複数に分裂する現象（第九話参照）。

第８話
エーテルのしっぽ

ファラデーの開拓した電磁気学を理論として確立したのがマクスウェルです
ジェームズ・クラーク・マクスウェル
1831 ～ 1879
イギリスの物理学者
ファラデーの電磁誘導の発見の年に生まれたのも何かの縁でしょうか
ファラデーさんとの縁といえば私はケンブリッジ大学のトリニティカレッジで学んだのですが
だれですあなた?
は?
マクスウェルですが
え～

マクスウェルってひげもじゃのおっさんですよ
おっさんって…本人を前にして…
大学生のころの話です
あんな白髪まじりのひげはやしているわけないでしょ
あ、そ
そのトリニティカレッジの教授にヒューウェル先生がおられて
ヒューウェルです
あなただれ？
ありゃおぼえておいでですない？
ほらファラデーさんのギリシア語の先生
あーそういえば…
ギリシア語のというわけではないんですが
ヒューウェル先生からもファラデーさんのことは聞いてました

いやあ このマクスウェルくんはね 頭はすばらしくいいです
しかしファラデーさんのような豊富なアイデアがなければ科学者として一流にはなれないとよく言っていたのです
ああ マンガ家もそうですね
マンガ家?
いえ 一人言で…
アイデアといえばファラデーさんの磁力線のアイデアはすばらしいですね
あれで磁力が遠隔作用でなく近接作用として考えられます
一八五六年に力線について数学的な表現で論文を書きました
物体のまわりのエーテルに一種の緊張状態が与えられて…
エーテル?
ええ ご存じないですか?

いや
ご存じではあるんですが
新技術と同じで得体が知れないんでしょ
得体は知れません
けど存在するんです
あ
？
フレネルさんと同じアップだ
まさか…すぐ死んじゃうとか…
そんなことはありません
これからが本番ですから
ただマクスウェルは四八歳でガンのため若死にしますが
わーやっぱり…
アシスタントさんが…

アシスタントさんは関係ないだろ
いーや　なにかたくらみが…
たくらみなんかありませんよ
マクスウェルは一八六二年に力線についての続編を出し
一八六五年に「電磁場の動力学的理論」を発表しました
ここでいわゆるマクスウェル方程式が提示されました
電磁気学の基本方程式で力学でのニュートンの運動方程式に相当するものです
どうもいつも顔が一部切れる
ただこの時の論文では方程式が二〇個もあって複雑でして
あーひげもじゃ！
まあ人生後半の話になるからおなじみの顔で出た方がね

ま
ひげのことは
おいといて
方程式は
最終的には
四つになります
まとめたのは
あとで出てくる
ヘルツくんで
だから
マクスウェル＝
ヘルツ電磁
方程式とも
言われます
それは私の
死んだあとの
話なので
ほんとは
私は知らない
ことですが
…
あ
新技術…
若死にするのも
わかっちゃうん
だ…
ここに出演してる
間だけの話よ
うる…
この論文では
「電磁場」
ということばを
初めて使って
います
空間の各点での
力とエネルギーの
状態を表す
ものですが
エーテルの
力学的状態
というわけ
ですね
やっぱり
エーテル
ですか

だから
エーテルはあるん…
アップにならないでください
?
何のことです?
いえなんでも…
うう…
ここで四つの式は出しませんが
それらは電荷と電流と電場と磁場との相互関係を表しています㈴
さてここで電荷も電流もない場合
つまり電場と磁場だけの関係では
波動方程式の形になるのです
電場の変化が磁場に変化を起こし
その磁場の変化が電場の変化を起こし
というように波として伝わって行くのです
電
磁
電
磁

マクスウェルの四つの方程式はそれぞれ、磁場に対するガウスの法則、電場に対するガウスの法則、電磁誘導、アンペールの法則、を表している。くわしいことは適当な本で調べてください。

この「電磁波」は弾性体であるエーテルを伝わる横波で
波速もすぐ出ます
その式はかんたんだから出しておきましょう
$c^2=\frac{1}{\varepsilon\mu}$
c：電磁波の速度
ε：誘電率
μ：透磁率
(真空中での値は
ε_0、μ_0と表示)
で真空の透磁率や誘電率は実験値があるので値を出せます
計算すると
なんと光速と同じなのです
そこから言えることは…
光は電磁波だっ!!
なんで言っちゃうの…
私が言うとこなのに…

マクスウェルは電磁気学が第一の業績ですが
ほかにもこのようなことをやってます
土星の環の構造（1857）
気体分子運動論（1859）
（気体粒子速度のマクスウェル分布提示）
史上初のカラー写真撮影（1861）
ほか熱力学、統計力学など
（「統計力学」はマクスウェルの造語）

さてエーテルを前提にして電磁波が予言されて
電磁波の検出がエーテルの存在の証明になると考えられました

しかし電磁波には大きな問題が含まれていました
ガリレオの相対性原理が成り立たないということです

ガリレオの？アインシュタインのでなくて？
ええ
あんまりふつうのことだから特にガリレオの相対性原理なんて言わなくてもわかることとです
等速直線運動をしている二つの系ではどちらを基準にとっても物理法則に変わりはないというものです
時速 80km の電車の中の人にとっても
80km/h
線路わきに立っている人にとっても物理法則は同じ
そりゃそうだろねえ
ふつうのことよねえ
と思われます
そして一方から他方を見ると相対速度の分だけ速度が変化して見えます
虫が時速１㎞で飛んでいる
80 km/h
1km/h
虫の移動速度は時速 81㎞だ
これもふつうのことだなあ
ちょっと専門用語を使うと横の㊟のようになります

慣性の法則が成り立つ座標系（等速直線運動をしている座標系）を慣性系といい、慣性系同士での座標変換が相対速度の足し算になるものをガリレイ変換という。ガリレイ変換で物理法則が不変というのがガリレオの相対性原理である。

ところが電磁波の速度はさっき出たように
誘電率と透磁率で決まって観察者の状態は全然関係しません
電磁波
c
$c^2=\frac{1}{\varepsilon\mu}$
こうではなくて
c
c+v
c−v
v
v
こうだというわけで
こりゃおかしいと…
電磁波
c
c
c
c
v
v
そこでマクスウェル方程式はエーテルを基準にした絶対静止座標系でのみ成立すると考えられました
エーテルに対して動いている観察者にはその分電磁波あるいは光の速度は変化するだろうと

ということでエーテルに関して電磁波の検出と運動による光速の変化とが注目されたわけですが
それらがわかるのはマクスウェルの死後のことで
その話の前に
一八七四年に当時ケンブリッジ大学の総長だった第七代デヴォンシャー公爵(注)の提案と資金提供によって
ケンブリッジ大学にキャヴェンディッシュ研究所が設立されました
キャヴェンディッシュ研究所
一一六ページの(注)にあったヘンリー・キャヴェンディッシュを記念したもので
最新の実験器機を備えた物理実験室を持つ研究所です
マクスウェルはこの初代所長になりますが
のちこの研究所は核物理学の中心地となります
知ってる

第七代デヴォンシャー公爵はウィリアム・キャヴェンディッシュといい、ヘンリー・キャヴェンディッシュは祖父のいとこにあたる。自身もケンブリッジ大学出身の科学者であった。

一九八九年までにこの研究所から二九名ものノーベル賞受賞者が出ています
その中には物理学以外にDNAの二重らせんを発見したワトソンとクリックもいます
またマクスウェルはデヴォンシャー公爵が保存していたヘンリー・キャヴェンディッシュの遺稿の整理を依頼され
電気関係の遺稿について自分で追試もして一八七九年に遺稿集として出版しています
キャヴェンディッシュは人ぎらいで有名で
研究も多くは未発表で
整理の結果なんと!
クーロンの法則やオームの法則をすでに発見しておりファラデーの静電誘導の実験もやっていたのです
電池も検流計もない時代
自分の体に電気を通して電流を計っていました
ひえ〜
う
さっきの一・五倍か…
蓄電器(ライデンびん)

第8話　エーテルのしっぽ

さて話はもどってこのヘルツさんの実験を見てみましょう
む…ブキミな…
ハインリヒ・ルドルフ・ヘルツ
1857～1894
ドイツの物理学者
私はね気体中の放電についての実験をしていたのです
ルームコルフコイル
電池
B_1　A_1　A_2　B_2
A, B：金属球
金属棒
高電圧を生ずるルームコルフコイルでこのようにするとA_1 A_2の間に放電火花が飛び続けます
ループ
C
そこにこう電線のループをつなげてループの大きさを調節するとCのすき間で火花が出るようになりました
ところが

なんじゃこりゃー
接続してないのにループに火花が出る!!
ははあ
マクスウェル先生の予言した電磁波かも…
コイル回路の火花による電気信号が電磁波を発生させループがそれを受信した…?
確かめよう
波なら反射波で定常波を作れば波長がわかる
亜鉛板
反射
定常波
節
節
節
節
定常波ができれば節では波の振幅が0なのでループに火花は出ない
そうなるように反射板の位置を調節して
振動数は回路構成で計算できて
波長と振動数の積で波速を出すと
v= λν
秒速三〇万km!!
光速と同じだ
電磁波だ!!

さらにいろいろ実験をして電磁波が光と同様反射、収束、屈折、回折、偏光を示すことがわかりました
これが一八八八年のことでついにエーテルのしっぽをつかまえたということです
イギリスの物理学者フィッツジェラルド㊟はこんなふうに言ってます
一八八八年はヘルツが電磁作用は媒質（エーテル）の介在によって生じることを示した記念すべき年である
ただヘルツさんは自分の実験の実用的価値はわかっていませんでした
実用？何の役にも立ちませんよ
マクスウェル先生が正しかったことを証明しただけです

ジョージ・フランシス・フィッツジェラルド（一八五一～一九〇一）はアイルランドの物理学者であるが、当時はイギリス領であった。電磁気学の理論面での完成に貢献した。

へえ～
現代はあんなに電波社会なのに
電波じゃないよ　電磁波だよ
あのね　電磁波のうち波長が短いと光だけど波長が長いのを電波というんだよ
あら　そうなの？
まあ　あんたみたいなのも電波というけど
えー　人間も電磁波なの？
何の話です？
聞き流してください　ただのマンザイです
実用化となると工学の部類になりますが　電波による通信いわゆる無線通信はイタリアのマルコーニが開発します　この年から六年後の一八九四年　因縁というかちょうどヘルツさんの亡くなった年です
なにがマンザイじゃ
そうでしょ？

え？
あとたった六年？
ええ
この年からいろいろ体を悪くして
…
あ…
これは
…
ごめんなさいごめんなさい
？
何をあやまって
…？
だってアシスタントさんのたくらみのせいで…
何の話です？
いや
電波です
だれのせいでもありませんヘルツさんが三六歳で死ぬのも歴史の事実ですから
そんな…
自分の大発見を役に立たないと思ったまま…
まあ
しかし
それも運命だし
…
アミちゃんの気持ちもわかるけど…

どうも私を妖怪かなにかみたいに言っておられますが
私は番組進行をお手伝いしているだけですよ
うー
だってあやしい…
さてエーテルのしっぽは見えましたが…
いぜんその正体はナゾのままです
アシスタントさんもだ
ちがうちがう
それどころかあとで改めて出ますが
一八八七年にマイケルソンとモーリーが実験によりエーテルの存在を否定しているのです
その問題は世紀末から二〇世紀初頭に大転換をするのであとのお楽しみ
最後に
ヘルツは周波数の単位として名を残しています
ヘルツ　Hz
おお
多少は救われる…

第3章
量子力学

第9話
放射線がいっぱい

一九世紀後半に電磁気学が確立し
また同じころこの番組では扱いませんでしたが熱力学の諸法則も発見されて
これらとニュートン力学で物理学はほぼ完成と思われていました

あとで出るプランクがミュンヘン大学の学生だった時
マックス・プランク
1858～1947
ドイツの物理学者
ヨリー先生お顔はどうしました？
いや
どうも漫画家が私の顔を知らないらしい
君の顔だってそれ学生じゃないだろ
あそうかこれで出ちゃまずいな
かがみ
はい学生プランクです
君物理をやりたいんだって？
はい理論の方を熱力学なんか：
やめなさいやめなさい物理なんぞ
もうみーんな終わってるよ
新しい発見などできないよ

というような話があるように新しい発見はもうないと考えられていたのです
発見したいとは思っていません真理を理解してそれを深められればと…
とプランクは物理の道へ進みましたけど
また一九〇〇年ケルヴィン卿がこんなことを言ってます
一九世紀の暗雲が二つあるエーテルと地球の運動それに熱放射のスペクトル
ウィリアム・トムソン（ケルヴィン卿）㊟
1824〜1907
イギリスの物理学者
まさにその二つから新しい物理学の旋風が吹きすさぶわけですが
これから始まる新しい物理学に対してそれまでの物理学を古典物理学といいます
実はケルヴィン卿は古典物理学の権化のような人で「暗雲」もすぐ晴れると思っていたにちがいありません

ウィリアム・トムソンは一八九二年に男爵に叙せられケルヴィン卿となり、これが通称となる。熱力学の開拓者の一人であり、電磁気学や流体力学など古典物理学で大きな業績を残した。絶対温度の単位K（日本語表記ケルビン）は彼に因む。

なんせこんなことを言ってる人ですから
空気より重い機械が空を飛べるわけがない（ライト兄弟の初飛行の数年前）
電波に未来などない
放射エネルギーが原子の内部から放出されるなど絶対に認めん
X線はいずれいたずらだとわかるだろう
まあ世紀末では七〇代後半でケルヴィン卿も頭が固くなっていたのでしょう
ただ旋風が吹く前はみな似たようなものでした
旋風は陰極線から吹いてきました
ガイスラー管で放電が起きると管の中が光る
なんだろう？
ガイスラー管
真空ポンプ
ガラス管
高電圧
改良されて真空度を増したクルックス管では
管内は光らなくなったが
ここのガラスが光る
なんだろう？
高電圧
真空ポンプ

一八六九年には
間に物体があればガラスの光に影ができる
光っ!
かげっ!
陰極から直進性の放射線が出ているのだ
ヴィルヘルム・ヒットルフ
1824～1914　ドイツ
そして この放射線は磁力で曲がる
さて これは なんだろう?
これはなんだかまだわからないが
これを陰極線と名付ける
オイゲン・ゴルトシュタイン
1850～1930　ドイツ
名付けた時はもっとうんと若い
名付けは一八七六年です そして一八九二年ヘルツが
ヘルツって電磁波のヘルツ?
そうそのヘルツが
陰極線は金属箔を透過することを発見し
ヘルツの教え子のレーナルトが
真空放電管に金属箔の窓をつけたレーナルト管を作って陰極線をガラス管の外に取り出して調べました
フィリップ・レーナルト
1862～1947
ドイツ(注)

レーナルトは陰極線の研究で一九〇五年にノーベル物理学賞を受賞した。反ユダヤ主義者でナチス・ドイツ時代には非科学的な「ドイツ物理学」を提唱し、「ユダヤ物理学」（特にアインシュタインの相対性理論、師のヘルツも）を排斥した。

陰極線は蛍光板を光らせるので
それを検知器として使います
さて陰極線は荷電粒子説とエーテルの振動説との二つに分かれて
多くの学者が競って陰極線の研究をしていました
このレントゲンもレーナルトからレーナルト管を一つ譲り受けて
ヴィルヘルム・コンラート・レントゲン
1845～1923
ドイツの物理学者
わ
なんですかまっくらじゃないですか
蛍光板の弱い光を見るためです
レーナルト管も黒い紙でおおってあります

第9話　放射線がいっぱい

まっくらなつもりで 以下同様
では電源を入れます
やあほんとだ光った光った
え?
何が?
何がってこれ蛍光板でしょ?
ほら
光ってる…
ぽうっ
なぜですかっ!!
わわっ
だって陰極線で光るんでしょ?

陰極線はね
空気中では数センチ程度しか届かないんですよ
黒い紙に包まれたレーナルト管
ああ…
そうですか…
暗くて見えない…
これ二メートルも離れてるじゃないですか
ぼうっ
2m
見えないけどレーナルト管
じゃあなんで光るんです?
私がきいているんです
レーナルト管の電源を切れば蛍光も消える
見えないけど蛍光板
レーナルト管から何かの放射線が出ているんだ
見えないけどレーナルト管
手でさえぎっても透過する…
あれ?
見えないけどレーナルト管

なんじゃこりゃ～
骨が写ってる！
なんだかわからないからX線と命名して
レントゲンは一八九五年暮れに発表しました
この発見に世界中大さわぎ
だれもがX線に飛びつき
それも物理関係だけでなく人体を透視できることで医学での応用が進みました㊟
骨折とかが見えるのですから
ところが放射線被ばくの知識など何もないから
やけどやかいようなどの被害が多発し
発明王エジソンも目を痛めています
その助手のダリはかいようからガンを発症して死亡し
X線被ばくによる最初の犠牲者になりました
レントゲンもガンで亡くなりましたがX線との関係は不明です
さて大さわぎの中ベクレルは

アントワーヌ・アンリ・ベクレル
1852～1908　フランス

X線は発見後直ちに医学界でX線写真として広く利用され、その功績に対し、X線の正体は未知のまま一九〇一年レントゲンに最初のノーベル物理学賞が贈られている。

X線で蛍光が出るなら逆に蛍光物質から何か放射線が出てるかもしれない
ウラン塩は光を当てると蛍光を発する
ウランはガラスを黄色や緑色に着色するので古くから利用されていました
こうやってしばらく置いて…
ウラン塩
黒い紙で包んだ写真乾板
乾板を現像したら
ほっほっ！感光してる
ネガなので感光部分が黒い
蛍光の中に何かあるんだ
どんより
もっと調べよう…と思ってもくもりの日が続く…
よーし晴れた
晴れっ！
実験再開！
引き出しに入れておいたのを
ウラン塩
黒い紙で包んだ写真乾板
うむ
確認のため一枚現像しとこう
前の蛍光の残りで感光してるかもしれない

なんじゃこりゃー!!
ものすごく感光してる!!
蛍光とは関係ないんだ
ウランから自然に出ているんだ!!
一八九六年レントゲンのX線発表から二ヵ月ほどでの発見でした㊟
それを聞いたキュリー夫妻は…
ピエール・キュリー 1859～1906
マリー・キュリー 1867～1934
フランス（マリーはポーランド出身）
これ私の博士論文の題材にしましょうよ
いいね
X線もベクレル線（と呼ばれていた）も空気を電離するからボクの作ったピエゾ素子電気計で周囲の空気の電離を計れば放射線の強度がわかるはずだ
いろんなウラン化合物をいろんな条件で調べた結果…
光や温度などの外部要因の影響はなく
化合の相手にも関係なく
ウラン原子の量だけで放射の量が決まる

ベクレルは放射性物質の研究に対し、キュリー夫妻とともに一九〇三年ノーベル物理学賞を贈られている。放射能の単位ベクレル（Bq）は彼に因む。

ウラン以外のすべての元素も調べたら
トリウムも放射線を出してる
特定の元素に固有の性質なんだな
そういう性質を「放射能」
それを持つ元素を「放射性元素」と名付けましょう
一八九八年にこれらの要約を発表しましたが
トリウムの放射能はその二ヵ月前に発見の公表があったために発見者にはなれませんでした
さらにいろんな鉱物の放射能を調べていたら
ウラン鉱石のピッチブレンドがウラン単体より何倍もの放射能を持つことがわかり
分光分析で二つの新放射性元素を発見しました
ポロニウムとラジウムです
これも一八九八年のことです
ポロニウムは比較的簡単に分離できたのですが
ラジウムはたいへんで
そのへんは偉人伝かなにかを読んでください
さあ
原子の性質として放射能があることがわかりました

原子は物質の最小単位だったはずなのにそこから放射線が出てくるとはどういうことか
そこでこのラザフォードが登場…
アーネスト・ラザフォード
1871 ～ 1937
イギリス
する前に
あ
ファラデーのところの最後に出てきたゼーマンの話です
一八九六年ゼーマンはナトリウムのスペクトル線が強い磁場で複数に分裂するのを発見しました
ピーター・ゼーマン
1865 ～ 1943
オランダ
磁場なし
磁場あり
D1
D2
ゼーマンはこの「ゼーマン効果」について師のローレンツに相談します
ヘンドリック・アントン・ローレンツ
1853 ～ 1928
オランダ
若い
先生これどういうことでしょう?

こりゃねえ 原子の中に 負の荷電粒子が あるんだ
原子に 内部構造が あるん ですか
あると しな さい
その振動で スペクトル 線が出るが
磁場の中では 振動に変化が 生じて スペクトル線の 分裂になる
分裂した線の 幅から計算 すると
荷電粒子の 比電荷 (電荷と質量 の比) は $\frac{1}{1600}$ となる
(注)
そのころ イギリスでは トムソンが X線の電離 作用を研究 していましたが
そこでハタ と思いつき ました
ハタ!
ジョセフ・ジョン・トムソン
1856～1940
イギリス
陰極線は 磁場では 曲がるが 電場では 曲がらない
だから 電磁波だとの 意見が多いが
陰極線も X線と同じで 気体を電離 するんじゃ ないか
すると電離した 気体が外からの 電場を相殺する

ゼーマンとローレンツはゼーマン効果の発見とその理論的解釈により、一九〇二年ノーベル物理学賞を贈られている。

では放電管の内部の真空度をうんと上げれば
気体の電離は無視できて…
陰極線
蛍光物質
おー曲がった曲がった
陰極線は負電荷を持つ粒子だっ!!
磁場や電場での曲がりぐあいから比電荷を求めると
ゼーマンとローレンツの出した比電荷と同じだ
原子はこんなふうになっていてそこから負電荷の粒子が飛び出したものが陰極線だ
原子
正に帯電
負電荷の粒子
一八九七年のことです
トムソンはこの粒子を「微粒子」の意味の語で呼びましたが
一八七四年にイギリスのストーニーが電気素量に付けた「電子」という名を使うことをローレンツが提唱し
トムソンは電子の発見者ということになりました㊟
electron
ところでトムソンはこの時キャヴェンディッシュ研究所の所長で

J・J・トムソン（通常こう呼ばれる）は、電子の発見と気体の電気伝導に関する研究で一九〇六年ノーベル物理学賞を贈られている。

キャヴェンディッシュ…
聞いたことがあるような…
ほらマクスウェルさんが初代所長になった
そうそうその研究所のトムソンの教え子にラザフォードがいました
呼びました？
なかなか出番にならないのでお茶してまして
あお待たせしました
ベクレルやキュリー夫妻の研究成果から
はいウランの放射能を調べて
一八九八年ウランからの放射線は少なくとも二種類あることがわかり
いちま〜いにま〜い…
ウラン
アルミ箔
その放射線はアルミ箔一枚で大きく減り二枚目以降重ねていくとゆっくり減る
一枚でさえぎられる透過力の弱いのをα線より透過力の強いのをβ線と名付けたのが一八九九年
そして一九〇〇年にフランスのヴィラールが電荷を持たない第三の放射線を発見し、一九〇三年にこれを私はγ線と名付けました

さてその三種の放射線の正体ですが
β線は負電荷を持つ粒子でその比電荷などからベクレルが一九〇〇年に電子と確認しました
α線はβ線よりずっと重い正電荷の粒子で、これとγ線にはだいぶてこずりました
α線の粒子つまりα粒子を集めて分光分析したりしてやっと一九〇八年
α粒子は二価のヘリウムイオンだとわかりました
一方放射線を出す放射性元素については
はいはい
化学者のソディ君と調べた結果放射線を出したあとちがう元素になることがわかりました
永遠不滅と思われた元素が変換するのです
ソディです
その元素変換では化学変化とはけたちがいのエネルギーが出ること
そしてその変換速度は温度や圧力に関係なく元の元素が半分になる時間は元素により一定でこれを半減期と命名しました
(注)
一九〇二年のことです
またα粒子を原子にぶつけることにより
原子
α

ラザフォードはこの元素の崩壊、放射性物質の化学に関する研究により一九〇八年ノーベル化学賞を贈られたが、それに対し、「自分が化学者に変身したことに驚いている」と言ったという。

原子は中心のごく狭い領域に正に帯電した核がありまわりに負電荷の電子がありますがほとんどスカスカの状態だとわかりました
原子の直径を100mとすると核の直径はミリ単位
スカ
スカ
電子
原子核の存在がわかったのは一九一一年で先ほどのα粒子がというのはヘリウムイオンヘリウムの原子核とした方がよいとなりました
また一九一九年にはα線照射により元素の人工変換にも成功しています
このように原子物理学の草創期に多くの業績を残したためラザフォードは原子物理学の父と呼ばれていて父だから次の第10話でも出てきます
またラザフォードは一九一九年トムソンの後を継いでキャヴェンディッシュ研究所の所長になっています

ここで見たように一八九五年のX線の発見から短期間で物理学は一気に大転換して日常的な五感を超えた世界に入っていきました
ケルヴィン卿がついていけなかったのも無理はありません
これからさらに常識をはずれた奇妙な話が出てきますが
その前に発端となったX線のことを
X線は電荷を持たず波長の短い電磁波と思われていて波長10^{-9}㎝程度の波という実験結果もありましたが
気体を電離するなど粒子と見る者もいました
ヤングの実験のように干渉縞を作れれば一発なのですが
予想される波長に見あった細かいスリットをX線を通さないぶ厚い物質にきざむなんてできるもんではありません
そこでラウエは考えました
マックス・フォン・ラウエ
1879～1960
ドイツ

X線回折の研究により、ラウエは一九一四年、ブラッグ父子は一九一五年ノーベル物理学賞を贈られた。親子同時受賞はブラッグ父子だけであり、ローレンスの二五歳はノーベル賞受賞最年少記録である。

結晶の原子の間隔は10^{-8}cm程度と考えられている
それがスリットになってX線の干渉もようができないか?
X線
写真乾板
硫化亜鉛の結晶
出た
X線は電磁波だ
これが一九一二年のことで
これを聞いたキャヴェンディッシュ研究所のローレンス・ブラッグが
お〜 またキャヴェンディッシュ
逆にX線回折もようから結晶構造がわかるのではないかと父親と共同でブラッグの法則を出して、結晶のX線解析の道を開きました(注)
ウィリアム・ヘンリー・ブラッグ 1862〜1942
ウィリアム・ローレンス・ブラッグ 1890〜1971 イギリス
最後にγ線も結晶による散乱から電磁波とわかりました
ラザフォードとアンドラードによる一九一四年のことです
電磁波の分類
波長(10^{-9}m)
10^{11} 10^{10} 10^{9} 10^{6} 760 380 10 0.1
中波 短波 超短波 マイクロ波 赤外線 可視光線 紫外線 X線 γ線
通常この範囲を電波という

第10話
原子の中へ

前話で一九一一年にラザフォードが原子核を発見したことが出ましたが
そこから原子の内部の研究が進みます
その原子核の発見についてもう少しくわしく見てみましょう
一九〇七年にラザフォードはマンチェスター大学教授になり一九〇八年にα線の正体をこちらのガイガーと明らかにしましたが
ハンス・ガイガー
1882～1945
ドイツ

その時ラジウムから放射されるα粒子の数と総電気量からα粒子の電気量を出したのですが
若いガイガー
荷電粒子がチューブにはいった気体を電離するのをパルスとして計数する器具を作ったのですよ
はあ
これはのちにいろいろ改良してガイガー＝ミュラー計数管となります（一九二八年）
ああガイガー・カウンター
知ってるの？
え？知らないの？原発事故で話が出たろ？
……
原発事故？
その話は長くなるので…
ところがラザフォード先生はシンチレーションが好きでねえ
シンチレーション…知ってる？
たしか放射線で蛍光物質が…

そうです
蛍光物質は私らは硫化亜鉛を使ってますが
それを塗ったスクリーンに放射線が当たるとその点が光ります
それを顕微鏡で数えるのです
真空容器
蛍光板
顕微鏡
α線
ラジウム
これで十秒間に何回光るか見てみます？
チカ
チカ
わあ光ってる！
よーいはい！
いちにさんしごろく…
じゅうごじゅうろくじゅう…
わー数わからなくなった～
こんなことよくやってられますね
でしょ？
よっぽど集中しないとできません
けどねα粒子を一個一個見ているようで魅力的じゃないか
あラザフォードさん
またお茶してたんですか

先生 今度の実験ですが
ん？
学生のマースデンくんに実習としてやらせますので
あ キミ 数えるのがいやだからってヒトに押しつけて
いえいえけしてそのような
今度の実験というと？
α線はね直進するんですが
うすい金属箔に当てるとごくわずか曲げられるものがあります
α線
金属箔
ほとんどはまっすぐ
たまに曲がるのがある
その散乱のようすをくわしく調べようという実験です
ああ マースデンくん 念のため九十度以上の大角度も見といてね
アーネスト・マースデン 1889～1970 ニュージーランド
九十度以上？
曲がるのはせいぜい数度ですよ
だから念のため

だって来ないことを言うためにはえんえん目を離さずに見続けないと
…実習だろ練習になるだろ
あなたはサディストだ！
失敬だなこれが教育者というもんだよ
そして二、三日たって
先生！ありました!!
うしろへはね返されたα粒子がっ！
え
そんなバカな…
へえ…ホントなのか？
言ってみるもんだねえ
この実験が一九〇九年で二万回に一回の割合で大角度の散乱がありそれをもとに一九一一年に原子模型を発表しました
原子
スカ
スカ
電子の雲
原子核
（直径は原子全体の直径の1/3000以下）
現在は約1/100000とされる
一九一三年によりくわしい実験を行いこの模型の正しさが確認されています

先生 こうなると 予測して マースデン くんに 指示したん じゃないん ですか？
しない しない
全然予想して なかったから もうびっくりしたの なんの…
なんて言って ますけどね
先生の洞察力は すごくて …
一九〇〇年の 段階で放射能の エネルギーは 原子の構成要素の 再構成によるもの としてますし
頭の中には 原子核の形が あったんだと 思いますよ
すごい人は すごいね
うん
さて
ここまでで わかった ことは
原子の質量の ほとんどは 正に荷電した ごく小さい 原子核に集中し その正電荷を 相殺する数の 電子がスカスカの 原子の内部に あるということ ですが
うん そうそう
その電子の数や 電子が原子の 内部でどのような 状態でいるのか また原子核は どうなっているかは この時点では不明です

しかしこの原子模型はほとんど受け入れられませんでした
えーなぜ？
核が正で電子が負の電荷を持つから電子は核に引き寄せられます
原子
引きっ!
核
電子
核に落ちないようにするには回転しないといけませんが
電子のような荷電粒子が加速度運動をすると電磁波が発生し電子はエネルギーを失っていき核に落ちてしまいます
原子
電磁波
というわけでラザフォードの原子模型は安定的に存在できないので多くの人は無視しました
ふうん
ところが一九一一年にマンチェスターのラザフォードのもとに研究生として来ていたボーアはちがいました
ニールス・ボーア
1885～1962
デンマーク
実験結果から考えればラザフォード先生の原子模型は当然の帰結です

すると電磁波を出して電子が落ちちゃうからおかしいというのは？
だって現に原子があってしかも電磁波出してないでしょ？
つまり電磁波を出すというのがおかしいのです
原子や電子のような人間の感覚からかけはなれたミクロの世界には人間サイズの世界とはちがった物理法則があるにちがいないのです
そこで思いついたのがエネルギー量子です
それについては次の第11話で出てきます
その第11話で出てくるように光のエネルギーは基本量の整数倍というとびとびの値しかとれません
とびとび
ミクロの世界ではそれが基本法則じゃないのか
電子もそのようなとびとびのエネルギーしか持つことができないんじゃないか…と

量子数で決まるそんなエネルギーを持つ電子は電磁波を出して徐々にエネルギーを減らすということができず安定した定常状態になります
量子数　エネルギー状態
4 E_4
3 E_3
2 E_2
1 E_1
だんだん落ちるということはできない
異なる定常状態へ移る時はその間のエネルギーの差に対応する振動数の電磁波を放出または吸収することで一気に行われます
量子数　エネルギー状態
4 E_4
3 E_3
2 E_2
1 E_1
$E = h\nu$ という電磁波
h：プランク定数
ν：振動数
$E_2 - E_1$ のエネルギーの電磁波
なぜそんなことが言えるのか
実は証拠があるのです
太陽光線のフラウンホーファー線
これは各元素の吸収線（または輝線）が黒線になってますが
太陽スペクトル
分光分析などでおおいに利用されているのになぜそんな線スペクトルが出るのかだれも知りませんでした
なぜかはだれも知らないけれど水素原子の線スペクトルについてはバルマーの公式㊟というものがあります

スイスのヨハン・ヤコブ・バルマーが一八八五年に発表した水素原子の線スペクトルの波長についての実験式。一八九〇年にはそれを一般化したリュードベリの公式がスウェーデンのヨハネス・リュードベリにより出されている。

ボーアはこの論文およびその後の研究により、原子構造とその放射に関する研究を理由に一九二二年ノーベル物理学賞を贈られている。

そこで
核の近くでは
電子は
とびとびの
軌道を回る
という
「ボーアの
量子条件」
と
核から
遠くなると
電子のエネルギーの変化は
ほぼ連続と
みなして通常の
電磁気学を使う
という「対応原理」
によって
量子条件
対応原理
水素原子での電子が異なる定常状態に移動する時に放出（吸収）される電磁波を計算すると
バルマーの公式にぴったり一致していたのです
これらのことを一九一三年に発表して㈹
そこから量子論が出発したのです
まあ
この時点では量子条件の根拠は不明のままだし水素原子以外の電子が二個以上の原子ではうまくいきませんでしたが
しかし水素原子での量子論の大成功はそれに続く理論や実験で確実なものになっていきました
大成功って…まあそうですが…

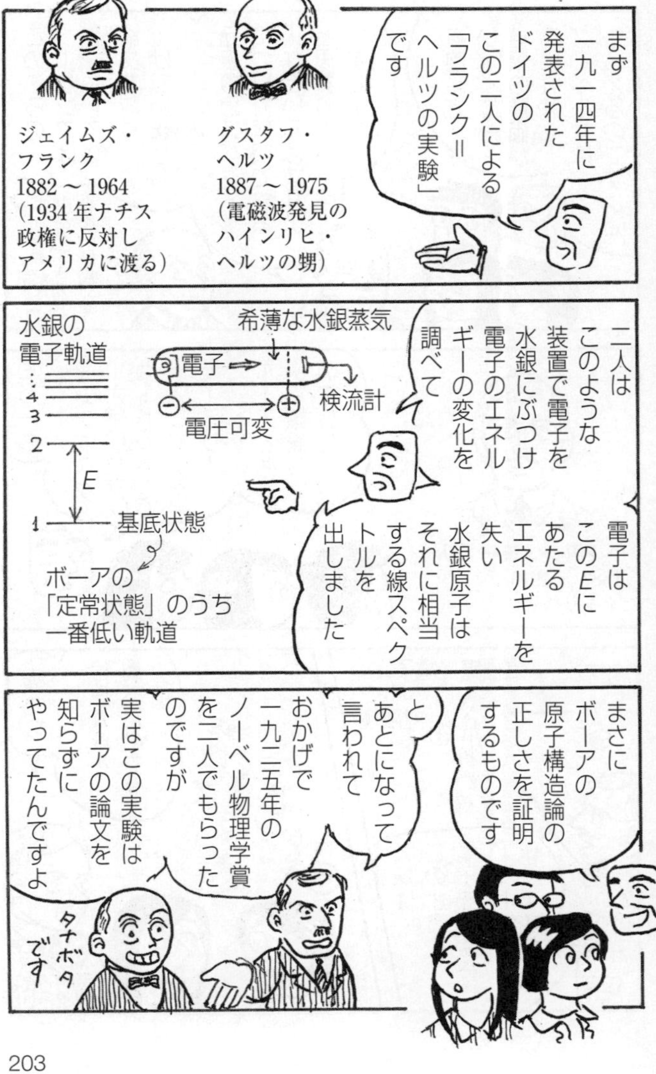
まず一九一四年に発表されたドイツのこの二人による「フランク＝ヘルツの実験」です
グスタフ・ヘルツ
1887～1975
(電磁波発見のハインリヒ・ヘルツの甥)
ジェイムズ・フランク
1882～1964
(1934年ナチス政権に反対しアメリカに渡る)
二人はこのような装置で電子を水銀にぶつけ電子のエネルギーの変化を調べて
希薄な水銀蒸気
電子
検流計
電圧可変
水銀の電子軌道
4
3
2
E
1
基底状態
ボーアの「定常状態」のうち一番低い軌道
電子はこのEにあたるエネルギーを失い水銀原子はそれに相当する線スペクトルを出しました
まさにボーアの原子構造論の正しさを証明するものです
とあとになって言われて
おかげで一九二五年のノーベル物理学賞を二人でもらったのですが
実はこの実験はボーアの論文を知らずにやってたんですよ
タナボタです

ビッグバン宇宙論の証拠としての三K宇宙背景放射の発見で一九七八年ノーベル物理学賞を贈られたペンジアスとウィルソンは、それを除去できない意味不明の雑音としか思っていなかった。

このころのベルリンでは誰もボーアの論文を取り上げていません
元素の線スペクトルについて解明できる人などいるはずないと思われていましたし
まボーアの論文の出たイギリスとドイツは戦争になったし…
意図していなくても結果の評価が高ければノーベル賞はもらえるのですよ㊟
もう一つマンチェスター大学のラザフォードのもとで研究していたモーズリーボーアともよく議論していました
ヘンリー・モーズリー
1887～1915
イギリス
私はね特性X線を調べたのです
特別念入りに作ったX線？
特製じゃないよ
特性
陰極
陰極線（電子）
対陰極
X線
X線はこのように電子を対陰極にぶつけて作りますが

出てくるX線は連続X線と対陰極の元素によって波長が異なる特性X線とがあります
特性X線は一九〇六年にイギリスのバークラによって発見されました(注)
X線強度
特性X線
X線波長
連続X線
連続X線の方は電子が対陰極で減速する時失う運動エネルギーが熱とX線に変換したものと理解できますが
問題は特性X線です
バークラの時代とちがってブラッグ父子の研究があるのでX線の波長はわかるようになりました
第九話の最後のとこね
そこで私は対陰極に周期表の元素を順に使って特性X線を調べた結果
結果…？
モーズリーの法則というものを発見したのです
わーおめでとう

（注）チャールズ・バークラ（一八七七〜一九四四）は、この元素に固有な波長を持つ特性X線の発見により一九一七年ノーベル物理学賞を贈られている。

正確には現在の定義では、原子量は^{12}C（炭素12）原子一個の質量の十二分の一を単位とした各原子の質量の比である。後で出る同位体が存在する場合は同位体存在比で補正された元素ごとの平均値として示される。

ありがとう ありがとう
アミちゃん どんな法則かわかってるの？
わかんないけど ここに出てくるなら大発見でしょ
まあ そうです
元素の周期表は知ってますか
……
知ってろよ！
原子量とか原子番号は？
どこ行くんだよ
原子量は各原子の重さが最も小さい水素原子の何倍かという数字です（正確ではない）㊟
で 元素を原子量の順に並べると周期的に化学的な性質が似た元素が現れるので そういう似た性質の元素が縦に並ぶように配列したものを周期表といいます
その周期表に並んだ順に元素につけた番号が原子番号です
だいたい知ってたけど アミちゃん一人にしちゃかわいそうだから
同情はいらんわ
聞いてろよ

周期表は一八六九年にロシアのメンデレーエフが最初に作りました
だいだいは番号が増えれば原子量も大きくなるけれども
元素　原子番号　原子量
コバルト　27　58.93
ニッケル　28　58.69
このように原子番号の大きい方が原子量が小さい場合がいくつかあります
原子番号は単に並び順の意味しかないと思われていました
が
モーズリーの法則によって重大なことがわかりました
はい
特性X線の振動数の平方根が原子番号と比例していたのです
↑これがモーズリーの法則
正確には(原子番号−1)と比例
これで可視光での分光分析と同じように特性X線で元素の特定ができるわけです
また原子番号は原子内の電子の個数つまり核の正電荷の量を表していると考えられます
原子番号が原子を特定する基本情報なのです

これを一九一三年に発表しましたが同じころボーアさんが水素原子の構造を研究していて
話し合う中で特性X線は二つの定常状態の間を電子が移動する時に出す電磁波だという考えになりました
これもボーアの理論の証拠になるわけです

私が実験していたのは複数の電子を持つ元素だったわけで電子一個の水素原子のボーアさんの式とはちょっと形がちがいます
そのへんについて二人で研究を続けてたら複数電子の原子についての理論ができたかもしれません
え？

続けなかったんですか？
モーズリーさんの研究はノーベル賞が確実視されていたのですが
一九一四年からの第一次世界大戦で出征して一九一五年戦死しました
研究の続きもノーベル賞も夢と消えたのです
はあ・・・

ええっ
だめです戦争なんか行っちゃ…
いやそういうわけには…
だから私の話はここまでです
モーズリーさん…
戦争なんか行かないでノーベル賞取りましょうよ〜
ずる
戦争ハンターイ!!
これ以後
各国は自国の科学者を戦闘に従事させないようになったと言われます
なにもかもアシスタントさんのたくらみだ…
う…う…
原子内の電子軌道についてはその後量子論の発展により

太陽系の惑星軌道のような具体的な軌道でなく波動関数（第12話）を軌道と呼んでます
軌道を規定する量子数はボーアの考えたエネルギーを決定する「主量子数」のほか「方位量子数」と「磁気量子数」が加わり
戦争反対……
今回回復おそいね
さらに一九二五年にはスピンという量も加わります
このへんはここでは説明しきれないし高校程度ではちょっとむずかしいので調べられれば自分で調べてください
調べる？
戦争反対…
調べろよ
ところで水が低い所へ流れるように物体はよりエネルギーの低い状態が安定するので
二個以上の電子がある原子では電子はみな基底状態に落ちてしまうはずですが
落っこちっ！
4
3
2
1
基底状態
電子

それに関して一九二五年パウリの排他原理という説が出ました(注)
電子は同一の量子状態を二個以上が占めることはできないというものです
ヴォルフガング・パウリ
1900〜1958
スイス
(オーストリア生まれ)
これで原子内部の電子の状態はわかるようになりました
一方原子核については
回復途上…
ラザフォードは一九一九年の発表の中でα粒子を窒素にぶつけて酸素に変換し水素原子核が飛び出すことを示しました
α粒子
窒素
酸素
水素原子核
他の原子にα粒子をぶつけても水素原子核が飛び出す
水素原子核は各原子核の構成要素なんだ
α粒子
水素原子核
あラザフォードさん
わ〜戦争反対…
原子核の構成要素としての水素原子核を「陽子」と呼びましょう

パウリの排他原理は、電子が代表であるフェルミ粒子（スピンが半整数の粒子）について適用される。パウリはこの原理の発見により一九四五年ノーベル物理学賞を贈られている。

また原子には同位体というものがあります
元素としての性質は同じなのに重さがちがう原子です
一九一三年にイギリスのソディが予言し電子発見のJ・J・トムソンが同じ年に
イオン化したネオンを電磁場で曲げて同位体を発見しました
重さで曲がり方がちがいますから
キャヴェンディッシュ研究所でトムソンのもとにいたこのアストンくんは一九一九年に
フランシス・アストン
1877～1945
イギリス
まあその年研究所長はトムソン先生から私に替わったから私のもとにもいたわけですが
ネオンの同位体を発見した装置を改良して非常に精度の高い質量分析器を作り上げました
そして多くの元素を分析した結果各同位体は酸素原子の質量の1／16のほぼ整数倍となっていることがわかりました
今は炭素12（^{12}C）が基準ですが昔は酸素16（^{16}O）を基準にしてました

個々の同位体の原子量はほぼ整数ですが
元素としての原子量はそういう同位体の集合体なので整数とはいえない場合が多いです
例えば塩素 ^{35}Cl が76% ^{37}Cl が24% という存在比なので全体として原子量は35.5となる(注)
そこに ^{35}Cl の35という数字
(前ページにあるように今は ^{12}C)
この数字がその同位体の質量が酸素の1／16の何倍かを表していて
それを質量数といいます
で各同位体の質量数はその原子の原子番号のほぼ二倍です
原子番号は核内の陽子の数だから
そして質量数はほぼ整数で変化するから
原子核には陽子のほかにほぼ陽子と同質量の中性の粒子があるのだろう
ということを私は一九二〇年に発表しました
陽子
中性の粒子
その中性の粒子は中性子と呼ばれるようになりますが
なんせ電荷を持たないのでとらえどころがなく
キャヴェンディッシュ研究所で研究員のチャドウィックくんと一〇年以上も苦闘して…

周期表での、例えばコバルトとニッケルのように、原子番号の小さい元素（コバルト）が大きい元素（ニッケル）より原子量が大きいという逆転現象は、ニッケルに原子量の小さい同位体が多く存在することによる。

ジェームズ・チャドウィック 1891～1974 イギリス(注)
そしてついに一九三二年このチャドウィックくんが中性子を発見したのです
最後は不眠不休で…
研究所での報告を終えると…
クロロホルムをかがせて二週間ベッドに寝かせておいてくれ…
と言ったというエピソードから苦労を察してください
さあこれで原子の内部がわかってきました
原子の化学的性質は最外殻の電子の数で決まります
正電荷の原子核をまとめるには強い力が必要ですが
この時点ではそれはまだ不明です
原子
電子の雲（原子番号に等しい個数）そこにあるようなないような（第12話）
原子核
陽子（原子番号に等しい個数）
中性子（質量数－原子番号に等しい個数）

チャドウィックは中性子の発見で一九三五年ノーベル物理学賞を贈られている。

第11話
古典から量子へ

古典は英語でクラシック
その反対語は何でしょう?
は?
なにかしらね?
まあ近代とか現代とか
そうですね普通はそんなところですが
物理学者の答えは「量子」です
は?
第10話で話が出た「量子」ですが今回はその話で
量子
古典
一九世紀末から二〇世紀初頭に量子の考えが出て
全く新しい物理が始まったのでそれに対し従来のは「古典」物理学となったのです
つまり量子の反対が古典ということ

一九世紀末には熱放射の問題が盛んに研究されていました
一九世紀なかば転炉が発明され鉄鋼の大量生産が始まりました
特に後発工業国のドイツは国を挙げて鉄鋼業振興に力を入れます
溶鉱炉内の温度は熟練の職人が目で見て判断していましたが
それを分光器で科学的に温度を求めて効率化しようと
わーあつそう…
黒体放射という現象が研究されていたのです
溶鉱炉を小さな窓から観察する空洞放射はほぼ黒体放射と同じです
黒体
放射っ!
吸収っ!
入射する電磁波（光、熱等）のすべてを吸収し、(反射がないので低温では黒い…黒体)
自身の温度に対応した熱放射を出す

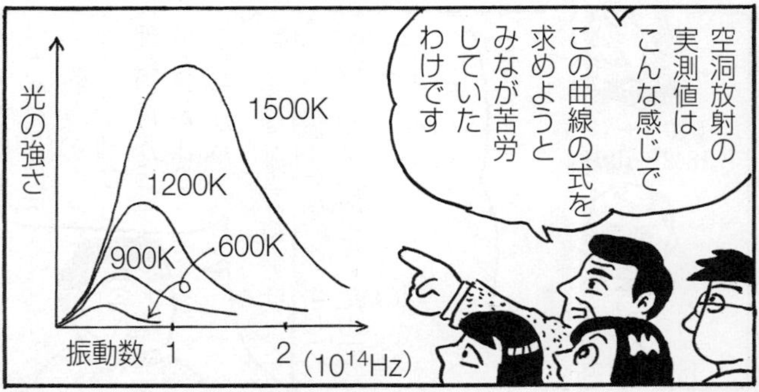
空洞放射の実測値はこんな感じでこの曲線の式を求めようとみなが苦労していたわけです
光の強さ
1500K
1200K
900K
600K
振動数
1
2
(10^{14}Hz)

熱力学と電磁気学からスペクトルの分布式がいろいろ作られましたが測定値とは合いません
一八九六年にはヴィーンの放射法則が出されました
ヴィルヘルム・ヴィーン
1864〜1928
ドイツ (注)

低振動数（長波長）の測定データがまだ不十分だった時は測定値と一致していましたが精密な測定が行われると低振動数で合わなくなりました
強さ
測定値
振動数
ヴィーンの放射法則

ヴィーンは熱放射の諸法則に関する発見に対して一九一一年ノーベル物理学賞を贈られている。熱放射についてヴィーンの名の付いたものには、放射法則のほかヴィーンの変位則がある。

第三代レイリー男爵ジョン・ウィリアム・ストラット、通称レイリー卿は、古典物理学の広範な分野に業績があり、ここでの話題とは関係ないが、アルゴンの発見により一九〇四年ノーベル物理学賞を贈られている。

一九〇〇年にはイギリスのレイリー卿が理論だけから分布式を作りましたが
そこで一部誤りがあり一九〇五年に同じイギリスのジーンズが修正したのでレイリー＝ジーンズの法則と呼ばれています
レイリー卿(注)
1842～1919
ジェームズ・ジーンズ
1877～1946
これは低振動数の測定値とは一致しましたが振動数が大きくなると発散してしまいます
強さ
レイリー＝ジーンズの法則
測定値
振動数
さて測定値にあう分布式はできないのか
その間まじめで地道なプランクはまじめに地道に熱放射の研究をしていました
プランクの紹介は一七四ページにあります
こしこし

うへ～ ややこしい 式ばかり ですねえ
それは やはり 熱放射 の？
そう です
エントロピー というのは ご存じ？(注)
ええ ただ あまり よくは …
…
まあ 高校程度の 段階では 理解でき ないで しょう
私の時代でも まだオーストリアの ボルツマンさん などが研究を 進めている ところで
学者の多くは よく理解して いないでしょう
私は地道に その方面の 研究をして いたので それなりに わかっている つもりです
で エントロピーを 活用して熱放射に 取り組みました
空洞に微小な 電気的な 振動子が 満ちている として
その 熱平衡の 状態を 考えたの です

注　エントロピーは、熱力学、統計力学、情報理論などにおいて定義される示量性状態量である。ドイツの物理学者クラウジウスが一八六五年に導入。でたらめさの尺度という表現で説明されるが、くわしくはそれなりの本で調べてください。

ヴィーンの式はすぐ出たのですがそれじゃだめなわけで
一九〇〇年一〇月のドイツ物理学会の前には行き詰まっていましたが…
学会で黒体放射の強度は高温では温度に比例するという報告が行われると聞いて
私はレイリー卿の式は見ていなかったのですが、実は放射強度が温度に比例というのがレイリー卿の式だったんですね
で
放射強度が低温ならヴィーンの式に近づき高温なら温度に比例の形に近づくような式をこさえてみたら
なんとそれが測定値とぴったり合ったのです
おーやった！
おめでとうございます！
いや
これからが問題なのです
そんなあてずっぽうな式がなぜ正しいと言えるのか
この式は一〇月の学会で発表してプランクの公式と呼ばれますが

エントロピーをボルツマン流で計算してこの公式を導こうとしまして
そのためには各振動子にエネルギーを割り振る場合の数を出さないといけません
S = k log W
Wが場合の数→
Sがエントロピー
振動子に任意量のエネルギーを割り振ると場合の数が無限になってしまうので有限個の微小なエネルギー要素を割り振ってやってあとでその要素を0に近づければよい
として地道に計算していって
しこしこ
学会の二ヵ月後一九〇〇年一二月に結果を発表しました
案に相違してエネルギー要素は0にはもっていけませんでした振動子の振動数をνとして…
振動子のエネルギーはそれにごく小さい定数をかけたものになります
ε = hν
ε：エネルギー
ν：振動数
これをエネルギー量子と呼び定数hはプランク定数と呼ばれています
この考え方が「量子仮説」です

やった！量子論の誕生だっ!!㈾
やりましたねっ！
いや
振動子が$h\nu$という単位でしかエネルギーをやりとりできないのは奇妙な話で
古典物理のワク組と作用量子とを結びつける地道な研究をしないと…
プランクさんまじめすぎますよ
もっと新発見を喜べばいいのに
いや今の心境は喜びよりもとまどいですよ
実際量子仮説は一般にはまやかしのように思われ
プランクは古典物理で納得できる理屈を何年も模索するのです
では私は地道に…
しこしこ

㈾ プランクはエネルギー量子の発見による物理学の進展への貢献により一九一八年ノーベル物理学賞を贈られている。

しかし量子説をまやかしとは思わなかった人もいました
その筆頭がアインシュタインです
アルベルト・アインシュタイン
1879〜1955
ドイツ生まれでのちスイス国籍に
ナチス政権成立後アメリカに渡り
アメリカ国籍取得
アインシュタインは一九〇五年たて続けに三つの論文を出しました
発表順に光量子仮説ブラウン運動特殊相対性理論です
あ若い
ははあ何十年かたつとああなるか
相対論はあとの第四章で
ブラウン運動は水中の微粒子が不規則に運動するものでこれを液体分子が熱運動によって微粒子と衝突することで起こると明らかにしたのです
これで原子や分子の実在が証明されたのです㊟

一九〇〇年前後頃では音速のマッハ数で知られるオーストリアのマッハを中心に、見えないものは認めないという考えから原子や分子の存在を否定する学者も多かった。

いやー
二〇世紀最大の物理学者とこうして話ができるのは感激ですよ！
二〇世紀最大ってまだ五年しかたってないですよ
私の方もこの新技術興味あるなあ
あなたのご発案で？
いやこれは私でなく
むぐ
…
どうしたんです？
あやしのアシスタントさんが介入したんです
タツヒロくんあとはよろしく
よろしくって…
えと一九〇五年のもう一つが…
光量子ですねえ
光電効果というものがあります
ウラン放射線を発見したベクレルの父親が一八三九年に発見したもので

陰極線研究のレーナルトが一八九〇年代にくわしく調べました
ついに顔も出ない
金属に光を当てると陰極線つまり電子が飛び出す現象ですが
これには奇妙な性質があります
こんな性質ですが
・電子の放出は金属の種類による特定の振動数以上の光でなくては起こらずそれ以下の光をいくら当てても電子は出ない
・出てくる電子の運動エネルギーは当てる光の振動数が大きいほど大きい
・出てくる電子の数は当てる光の強さが大きいほど多い
おかしな話でしょ
電子が出るか出ないかは振動数で決まるって
振動数っていうのは光では色ですよ
ま
光電効果が出るのは色のない紫外線ですが
3　4　5　6　7　8　9　10^{14} Hz
赤外線　赤　黄　緑　青　紫　紫外線
交通信号じゃあるまいし赤じゃ出ないが青なら紫外線も青といえば青なんでそしたら出るなんて
青
電子
なんじゃこりゃーてなもんですよ
ところが一九〇〇年にプランクさんの量子仮説が出ました

アインシュタインは、「理論物理学の業績、特に光電効果の法則の発見」で一九二一年（実際の授賞は二二年）ノーベル物理学賞を贈られている。アインシュタインといえば相対性理論となるが、それを授賞理由としては贈られていない。

電磁波のエネルギーは振動数に定数をかけた値でしか放出吸収されない
これですよこれ！
光が電子にぶつかる時はhνというエネルギーのかたまりとしてぶつかるんですよ
金属内の電子は金属内に束縛されているわけで
E＝hν
E：光のエネルギー
h：プランク定数
ν：光の振動数
電子
hν
金属
その束縛のエネルギーよりも大きなhνの値を持つ光でないと電子は飛び出すことができない
だから電子が出るかどうかは振動数で決まるわけです
このhνというエネルギーのかたまりを光量子と名付けて論文にしたのが一九〇五年の光量子仮説です㊟
光量子はのちには光子と呼ばれるようになります
light quantum 光量子
photon 光子
(1926年アメリカのギルバート・ルイスの命名)

ということは光は粒子だと？
粒子のようにふるまうということですね
ヤングさんやフレネルさんが苦労を重ねて波だと言ったのに？
ヤングさんなんかボコボコにされて…
波だということを否定してるのではありません
波と粒子との両面の性質があるというわけでしょう
光の粒子性は一九二三年にコンプトン効果が発見されて確実になりました
あ、コヤマ先生出てきていいの？
ま一応ペナルティーも解けたので
コンプトン効果というのはX線を物質に当てた時散乱X線の波長が入射X線より長くなる現象です
ペナルティーってアシスタントさんがかけるのかな？
そうらしいわね
アーサー・コンプトン
1892～1962
アメリカ㊟

コンプトンはコンプトン効果の発見により一九二七年ノーベル物理学賞を贈られている。この年、ウィルソン霧箱の発明でC・T・R・ウィルソンがノーベル物理学賞を同時受賞している。

これはX線が光量子として物質内の電子と衝突してエネルギーを失ったとしてエネルギー保存と運動量保存とで計算したのです
散乱X線
入射X線
光量子
電子
コンプトンの計算は実験値と一致し光量子説は有力な証拠を得たわけですが波と粒子の二重性はまだ疑問のままです
疑問のままですがコンプトンの成果を見たドゥ・ブローイはこう考えました
波と思われていた光が粒子でもあるのなら逆に物質粒子に波の性質もあるんじゃないか
ルイ・ドゥ・ブローイ 1892～1987 フランス
「逆に」ってファラデーさんの電磁誘導もそうだったね
そうね
…
ソンナコトモアッタカナ

「逆に」というのが常にうまくいくとは限りませんがここではうまくいって一九二三年に物質波とかドゥ・ブローイ波と呼ばれる波が定義されました㊟
その波長はこうなります
$\lambda = \frac{h}{p}$
λ：波長
h：プランク定数
p：粒子の運動量
この波長をドゥ・ブローイ波長という

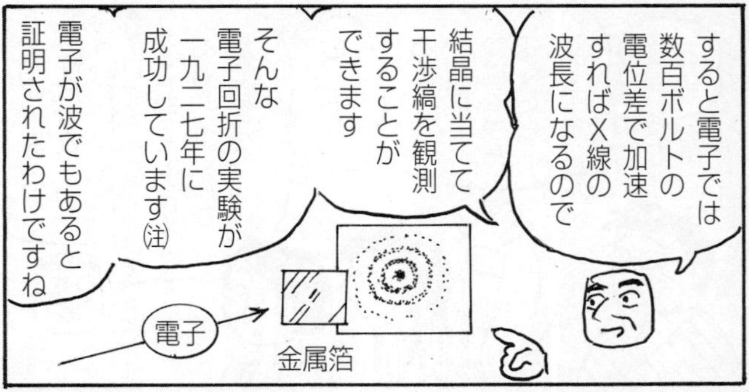
すると電子では数百ボルトの電位差で加速すればX線の波長になるので
結晶に当てて干渉縞を観測することができます
そんな電子回折の実験が一九二七年に成功しています㊟
電子が波でもあると証明されたわけですね
電子
金属箔

またこの物質波からボーアの量子条件について新たな解釈ができました
原子内の電子の軌道を円とすればその円周の長さが物質波の波長の整数倍になり軌道上で定常波になるということです
上：円周＝２×波長
下：円周＝３×波長

ドゥ・ブローイは電子の波動性の発見によって一九二九年ノーベル物理学賞を贈られている。また、一九三七年にはC・J・デヴィソンとG・P・トムソンが結晶による電子回折の発見でノーベル物理学賞を贈られている。

シュレーディンガーは新形式の原子理論の発見により一九三三年、ディラックとともにノーベル物理学賞を贈られている。ディラックはシュレーディンガー方程式に特殊相対論の効果を取り入れたディラック方程式を一九二八年に考案した。

さて物質波があるのならドゥ・ブローイが出した波長だけでなく波のふるまいを表現できる方程式を導いてほしいですよね
ほしい？
いやー正直どっちでも…どうせわけわかんないし…
おいおい
方程式自体はわけわかんないでしょうがそこからいろいろおもしろい話が出てきますよ
乗った！
おもしろければわけわかんなくてもいいです
おいおい
その方程式を作ったのはこの…
どもシュレーディンガーです
物質波をもとに一九二六年に波動方程式を作りました㊟
わくわく
はいはい
それでどんなおもしろいことが
エルヴィン・シュレーディンガー
1887〜1961
オーストリア

ところで量子の考えをもとにした物理学を「量子力学」といいますが
論文の中でそのことばを初めて使ったのはゲッティンゲン大学教授のボルンで一九二四年です
おもしろいのはちょっとおいといて
マックス・ボルン
1882～1970
ドイツ（ナチス政権下イギリスに帰化）
その教え子だったハイゼンベルクは一九二五年行列を使って量子力学を定式化しました
行列っ！
ちがうこっち
行列
x11 x12 x13 …
x21 x22 x23 …
x31 x32 x33 …
ま行列のことは知らなくても行列という数学の道具があると
でハイゼンベルクの量子力学は行列力学と呼ばれます
ヴェルナー・ハイゼンベルク
1901～1976
ドイツ
それに対してシュレーディンガーの方は波動力学といって
一見その二つは全然別物のように見えました
行列力学なんてね難しい数学使っていて視覚化しようがなくてねがっかりですよ

波動力学は考えれば考えるほどいやらしいですよ
視覚化可能といってもざれごとですね
あハイゼンベルクさん
お
二人の対決おもしろくなりそう
いやここではそんなにおもしろいことはなくて
あら
調べたら波動力学と行列力学は等価でした
問題は解釈のしかたであって正しい解釈で波動力学もありです
なんだつまんない
おもしろい話は次の第12話で
ところで物理屋さんは波の扱いは得意で
シューレーディンガーの方程式は昔ながらの波動方程式に似ていて計算に便利なのでシュレーディンガー方程式が量子力学の基礎方程式と位置づけられるようになっていきます
次…次…
わくわく

第12話
量子の不思議な世界

波動方程式を解くと波動関数が得られるわけですが
おっと今回はイントロなしですか
第11話の続きってことなのね
私はね波動関数が作る波は電子そのものを表していると考えました
電子が波のかたまりとして雲のように広がっていると
ところがハイゼンベルクくんが文句をつけてね
文句じゃないですよ
学問的批判ですよ
その波のかたまりはどんどん拡散してしまいます
電子がそんなものであるはずないでしょ

そこで私は考えました
おおボルン先生
ボルン先生にはね私の行列力学の構築を助けていただいて
ふんそれで師弟で私の悪口を
いやあ私はあなたの考え方には敬服してますよ
しかし波動関数の解釈には承服しかねます
じゃあどう解釈しようというんです？
波動関数の絶対値の二乗はある時刻のある場所に電子が存在する確率を表わすのです
確率？
そう確率
ボルンさんは一九二六年発表のこの確率解釈で一九五四年のノーベル物理学賞を受賞しました

二重スリット実験というものがあります
ヤングが光は波だと証明したのと同じようなもので
それを一個一個の電子でやるという
当初は思考実験だったのですが一九六〇年代以降実際の実験も行われています
電子銃
電子
二重スリット
スクリーン
電子が粒子としての性質だけならスクリーンに当たる電子はこのように二本の線を形作るはずでしょ
そうでしょうね
ところがどんどん電子を射っていくと
あら
あら
あらら
なんとヤングの実験と同じ干渉縞ができるのです
あらま

一個一個の電子はスクリーンに粒子として跡を残すのに積算すると波の性質を示すのです
スクリーンのどこに当たるかは波動関数の確率に支配されていて当たったら波動関数は収縮して粒子として観測されるわけですが
確率
収縮っ!!
点っ!
確率の高いところには電子がより多く集まって全体として確率の大きさを示すパターンになるのです
でその確率は波動関数が与えるわけだから波の干渉縞になるわけですか
けど当たるまでは確率に支配されるってどこに当たるかは当たるまでわからないわけですか
当
そうおもしろいでしょ
えっおもしろいってこのことですか?

おもしろくないですか?
いえ…ただもっとおもしろおかしいことを期待して…
まあまだありますからご期待を…
おもしろくないといえば確率解釈をおもしろくないと思った人もいました
おもしろくないわけじゃないです
まず当然ながらシュレーディンガーさんですね
まったく私はボルンさんやハイゼンベルクくんのために波動方程式を作ったんですかね
それでも一応一九二七年には確率解釈を受け入れはしましたが…
あとでまた拒否しましたよ
それで正解ですよ
確率解釈にたよらなければならないのは量子論に何か不完全なとこがあるんですよ
アインシュタインさんも確率解釈に反対でした
あら
アインシュタインさん
シラガがふえたわね

一九二六年にボルンあてに書いた手紙に
量子力学の成果はすばらしいただ
神はサイコロ遊びはしないと確信してます
と書いていてその後も
神はサイコロ遊びはしない
神はサイコロ遊びはしない
神はサイコロ遊びはしない
あらま
これはこれでおもしろい
しかし確率解釈は着実に実績をあげていきます
その一つにトンネル効果があります
これは一九二八年に当時はソ連人だったガモフが出したもので
ジョージ・ガモフ
1904～1968
ロシア（ソ連）
のちアメリカ

私はα崩壊について研究しまして
α崩壊は横の㊟に
原子核は強い核力が働いていて
それを超えるエネルギーを持たなければ核から外に出られません
それっ
原子核
α粒子
それ以下なら
うー
核力
核力によって
わ～
スポ
引きもどされます
ところがねα崩壊で出るα線のエネルギーは核力の壁を超えるだけの量を持っていないんですよ
そこで確率です
核力の壁
原子核
ぶつかりっ！
ほとんど
わずか
核力の壁にぶつかればほとんどはねかえされますが
わずかな確率で壁の外に存在できます

α崩壊は、ある原子核がα線（ヘリウム4の原子核であるα粒子の流れ）を放出し、原子番号で2、質量数で4減少した原子核に変換すること。

江崎は半導体におけるトンネル効果の実験的発見により一九七三年ノーベル物理学賞が贈られている。この年、固体のトンネル効果に関してI・ジェーバー、B・D・ジョセフソンが同時受賞している。

ぽ
核力はごく短い距離しか働かないので
原子核のわずか外側に現れたら
プラス同士の電荷の反発力で飛んで行きます
α線
ぽ
原子核
まるでエネルギーの壁にトンネルがあってそこを通り抜けたようなのでトンネル効果と呼ばれてます
トンネル効果は半導体などの電子機器に深くかかわってますが
そのさきがけはトンネル効果を使ったエサキダイオードで
それを一九五七年に開発したのが日本の江崎玲於奈さんです
おー
日本人が出てきた
江崎玲於奈
1925～
日本(注)
ところでこのおかしな新技術で…
は？

トンネル効果の人間サイズのシミュレーションなんてできますか？
さて…それは…
できますよ
わ
あらアシスタントさん
はい この部屋が原子核ということで
原子核
いいね いいね
原子核
屋根がない…
原子核
エネルギーのある人は壁を越えてもいいですよ
うー ますますあやしの…
ではサオリさん 自分はα粒子だと念じて 目をつぶって まっすぐ歩いてください
原子核
え 私？
原子核

原子核
α粒子
α粒子
原子核
原子
原子
原子核
わ
ふっ
原子核
原子核
あら
なんか外へ出ちゃったわ
核
原子核
これが本来人間サイズではは起こるはずのないトンネル効果ですね
原子核
それと新技術のすごさですね
子核
おもしろーい
子核
原子
わたしもやる
原
α粒子
α粒子
原子核
原子核
原子核
どん
わ
子核
子核
原子核

いた〜
ね
原子核
確率としてほとんどははねかえされるんです
原子核
お〜実地にやると納得するなあ
原子核
あら〜いたそう
いやあおもしろかったですね
おもしろくな〜い
じゃ私はこれで
なんなんですかあの学者は
ああいうひょうきん学者なんですよ
さて話は変わって
これでもう変わっちゃうんですか
まあまあ…
まあまあ
さおりんはいいわよわたしの方は…
ハイゼンベルクは一九二七年に考えました

行列力学では原子内での電子の軌道などは考えるべきでないとしてきたが
電子の位置や速度を正確に決めることができるかどうかよく考えてみよう
電子の位置を測定するには光を当てるとか何らかの働きかけが必要で
電子のような極微のものを正確に測るには波長のごく短いγ線でないといけないが
波長の短い光量子は運動量が大きい
すると電子にぶつかれば電子は突き動かされる
つまり運動量が変化する
それにどんなにねらっても波動性から広がりが生じて電子がどっちに動かされるか不確実だ
と
いろいろ考えた結果
微小な粒子の位置と運動量を同時に正確に測ることは不可能で
位置の不確実さと運動量の不確実さとの積はプランク定数程度よりも小さくすることはできない

これが一九二七年に発表されてハイゼンベルクの不確定性原理と呼ばれています
これはのちにハイゼンベルクの最初の考えとはちょっとちがって観測するしないにかかわらず…
全ての量子物体の物質波の性質でもともと備わっているものということが明らかになっています
観測したら系にどんな影響が出るかという観察者効果についてはまた別の問題でまだ不明な部分があります
不確定性原理
観察者効果
不確定性原理は式そのものは簡単だから出しておきましょう
標準偏差はばらつき具合を表す数値です
$\sigma_x \cdot \sigma_p \geqq \frac{h}{4\pi}$
σ_x：位置の標準偏差
σ_p：運動量の標準偏差
h：プランク定数
式は簡単だけどねぇ…
意味がねぇ…

湯川の中間子理論の発表は一九三五年であるが、当時知られていた電子、陽子、中性子に対し、電子の約二百倍、陽子（中性子の質量は陽子とほぼ同じ）の約十分の一の質量であると予想されたため、電子と陽子の中間で「中間子」と名付けた。

不確定性原理は量子の世界での基本的特性で
これをもとに原子核物理や素粒子物理が一九三〇年代以降発展していくのです
たとえば湯川秀樹さんの中間子理論でもその重さ㊟を出すのに不確定性原理が使われています
湯川秀樹
くわしくはあとで
不確定性原理がある限り第3話で出たラプラスの悪魔というものは存在しなくて
完全に未来を予測することはできないのです
私には夢が…なくなりました
未来だけでなく現在の状態も観測するまでわからないとする考えもあります
デンマークの首都コペンハーゲンにあるボーア研究所のボーアを中心にした人たちの説で
粒子はいろんな状態が重なりあった状態で存在していて
観測されると波動関数が収縮してどれか一つの状態に収束するというものです
これをコペンハーゲン解釈と呼んでいます

観測するまで状態はわからないんですか
そういうことですね
じゃあ観測しなかったら?
わからないままですね
それでいいんですか?
そういう解釈なんですね
たとえばですよ
うしろでさおりんがわたしにアカンベーをしているかどうか
ふりむくまでは不確定だと…
重なりあいっ!
ふりむくとやっぱりしてた
してないわよ
おかしいでしょ?
まったく連中何を考えるやら
おやシュレーディンガーさん
あんたも何を考えるやら

それでね
私はこんな思考実験を提示しました
まずフタのできる箱を用意します
その中にラジウム少々
ガイガーカウンター一つ
トンカチ駆動装置一つ
青酸カリ大さじ一杯
これはガラス製の密閉容器に入れます
ラジウムから飛び出したα粒子を検知したらトンカチがガラス容器をくだきます
さてここに猫を一匹入れまして
フタをして一定時間放置します
もし時間内にα粒子が出たら猫は死にます

この時間内にα粒子が出る確率が五〇%としましょう
フタを開けようとした時この中には生きた猫五〇%と死んだ猫五〇%が重なりあっています
開けると…
ああ生きていましたね
けど生きた猫と死んだ猫が重なりあうってどういうことですか?
わたしゃやってられませんわ
という一九三五年発表の「シュレーディンガーの猫」のパラドックスを残してシュレーディンガーは量子論を離れ分子生物学の方へ行ってしまいました
そんな矛盾点や不明点は残ってますがある意味適当にごまかしながら量子力学は広い範囲に応用されて成果をあげているのです

第４章
相対性理論

第13話
エーテルと光

一九世紀の終わりごろにもどって
光について復習してみましょう
光は電磁波である
はいはい
光はエーテルを伝わる
一九世紀はみんなそう言ってましたね

第13話　エーテルと光

光速はエーテルの中では一定である
そうだっけ?
うん
光速にもガリレイ変換が成り立つとする
えと…
速度の足し算引き算ができること
さてそれでヘルツの電磁波発見でエーテルのしっぽはつかまえましたが
なんとかエーテル本体をとらえようといろいろ試されました
とらえ方はこうです
エーテル
太陽
地球
地球は太陽のまわりを秒速約三〇㎞で公転しています
そこでこのような装置で観測します
ハーフミラー
A
B
光
C
Aからの反射光
Bからの反射光
A、Bの鏡で反射した光は観測部Cでは完全に平行にはならないので干渉縞が現れます
ああいってこういって…

マイケルソンの干渉計は極めて精度が高く、光学の広い分野で応用されている。干渉計の開発と分光学の研究によりマイケルソンは一九〇七年ノーベル物理学賞を贈られており、アメリカ最初の科学関係のノーベル賞受賞者となった。

もし方向により光速度が変わるなら装置を回転させれば干渉縞が横にずれます
照準用の針
そのずれの量から光速度の微小な差が算出できるのです

この装置を干渉計といって一八八一年にマイケルソンが開発したものです
一八八一年の装置はハーフミラーと反射鏡の間は約一mでした

アルバート・マイケルソン
1852～1931
アメリカ(注)

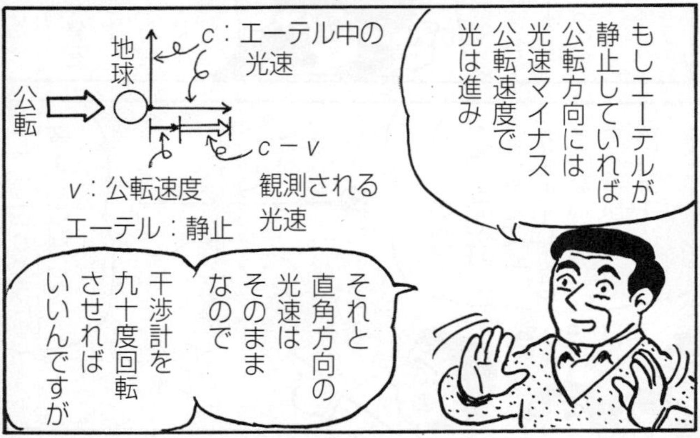

もしエーテルが静止していれば公転方向には光速マイナス公転速度で光は進み
c：エーテル中の光速
地球
公転
c－v
v：公転速度
観測される光速
エーテル：静止
それと直角方向の光速はそのままなので干渉計を九十度回転させればいいんですが

エーテル全体が地球から見てどう動いているかわからないので
公転軌道のいろんなところで装置の回転角度もいろいろ変えてデータを解析しないといけません
エーテルの動き
マイケルソンは一八八一年の装置で計測しましたが精度に疑問があったため
一八八七年に改良した装置を使ってモーリーと共に実験しました
エドワード・モーリー
1838～1923
アメリカ
改良した干渉計はこんな形で振動を極力おさえなめらかな回転ができました
反射鏡をたくさん使って光路長を11mとする
1.5m×1.5m×30cmの砂岩
木製の浮台
砂岩
鋳鉄製の水銀槽（ドーナツ形）
水銀

ところがくわしく計測した結果
エーテルに対する地球の動きは全く検出できませんでした
その後もいろんな人がいろんな実験をしましたが
すべて失敗してます
つまりどんな方向でも光速度は変わらないということです
エーテルに対して地球は動いているのになぜ干渉縞はずれないのか
それに関しこの二人が仮説を作りました
一六九ページの㊟を参照
フィッツジェラルド
私の方は一八五ページに紹介が
ローレンツ
フィッツジェラルドが一八八九年に、それと独立にローレンツが一八九二年に出した説ですが
エーテルに対して速度vで動く物体は運動方向に収縮する
というものです
エーテル
静止
ℓ
v
縮むっ！
$\ell\sqrt{1-\left(\frac{v}{c}\right)^2}$

これをローレンツ＝フィッツジェラルド収縮、または単にローレンツ収縮といいます
これでマイケルソンの干渉計をどう回転しても干渉縞のずれは検出されません
物が縮んじゃうんですか
という仮説です
もっとも物差しから何からすべて縮むので縮みの計測はできませんが
ローレンツはさらに考えました
これは干渉計に限らず一般に成り立つのか
マクスウェルの方程式は静止エーテル中の光速度がcの場合のエーテルの状態を示していて
エーテル中を動く系では方程式を書きかえる必要があると考えられていましたが
この収縮が起きれば書きかえの必要がなくなるのではないか
と考えたのです

それは一八九五年一八九九年一九〇四年と修正されながら発表されました
えと準備はいいですか
はいはい
ローレンツさんにそのへん聞いてみましょう
マクスウェル方程式はどうなりましたか
いやあ苦労しましたよ収縮だけじゃうまくいかなくて収縮を起こした座標系で何か別の要素が必要で
それが何かやっとわかりました
時間です
時間?
そうですエーテルに対して速度vで動いている系を考えてみましょう
エーテル
v

動いている
方向をxとして
動いている系の
座標軸を
こうして
エーテル座標系の
時間をt
動いている系の
時間をt´
とすると
z z´ v O x O´ x´ y y´
x´＝k（x－vt）
t´＝1/k t－v/c² x´
k＝1/√(1－(v/c)²)
こうなって
t´は場所により
変わるので
局所時間と
呼びました
ここにx´が…
これで
マクス
ウェル
方程式が
成り立ち
ます
すばらしい!!
バシバシ
すばらしい
発明ですよ
ローレンツ
さん!!

突然乱入したのはフランスの…
ああ
私こういう者です
アンリ・ポアンカレ
1854～1912
フランスの数学者で、物理学、天文学などにも功績を残した
いやーほんとすごいですね
これでマクスウェル方程式が相対性原理を満たしているわけで…
あ…と相対性原理というのはおわかりで?
ええ
前に説明しましたから
慣性系同士の間で物理法則が不変だということですね
そうそう
わかってる?
慣性系ってなんだっけ?
等速直線運動してるやつ
わかってない…

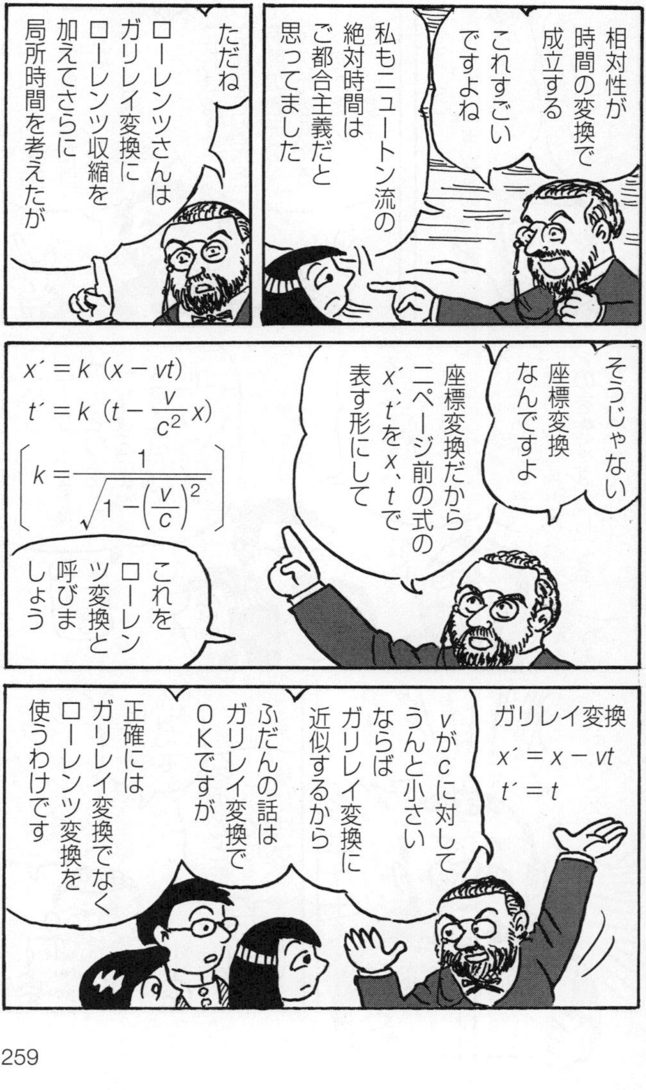
相対性が時間の変換で成立する
これすごいですよね
私もニュートン流の絶対時間はご都合主義だと思ってました
ただね
ローレンツさんはガリレイ変換にローレンツ収縮を加えてさらに局所時間を考えたが
そうじゃない
座標変換なんですよ
座標変換だから二ページ前の式のx´、t´をx、tで表す形にして
$x' = k\,(x - vt)$
$t' = k\,(t - \frac{v}{c^2}x)$
$\left[k = \frac{1}{\sqrt{1-\left(\frac{v}{c}\right)^2}} \right]$
これをローレンツ変換と呼びましょう
ガリレイ変換
$x' = x - vt$
$t' = t$
vがcに対してうんと小さいならばガリレイ変換に近似するから
ふだんの話はガリレイ変換でOKですが
正確にはガリレイ変換でなくローレンツ変換を使うわけです

第11話でアインシュタインの三つの論文について「発表順」と記したが、正確には投稿日付の順で、三つは掲載された『アナーレン・デア・フィジーク』（物理学の学術誌）では同じ号であり、その発刊まではアインシュタインはほぼ無名だった。

ローレンツ変換で空間座標だけでなく時間も変わる
これはねえ空間の三次元と時間の次元の四次元を考えるべきだということですよ
そういう相対性についての理論をね
近くきちんとまとめますよ
というローレンツの命名の論文を一九〇五年の六月に出したポアンカレは
気まぐれでいいかげんな所もある人で
なんやかやできちんとまとめるのを先延ばししてるうちに
うー
言ってくれるねえ
アインシュタイン？
聞かん名だな
そのことについては横に㊟が
Annalen der Physik
わっ
やられたっ
Annalen der Physik

はい
私の「運動物体の電気力学について」という論文が出たんですね
これが特殊相対性理論の論文です
投稿日六月三〇日か…
急いでやってもこっちの負けかなあ・・
ここでローレンツ変換と全く同じものを導出しているので
当初はアインシュタイン＝ローレンツ理論と呼ばれてました
おーい
私は？
この論文の基礎となる仮定というか原理が二つあります
一つは相対性原理
ああもうだいじょうぶです
もう？
いえ・・・続けてください
もう一つは
光速は光源の運動状態によらず一定である

光速度不変ってやつですね
そうです 一つの慣性系においてですが
これと相対性とでどの慣性系でも同じ光速になると出ます
その二つから二つの慣性系間の座標変換を考えると
それがローレンツ変換なんですねえ
ただローレンツさんはエーテルを想定した上で実際に物体が収縮するとしてますが
ちぢみっ!
ポアンカレさんが言ったように
あ 出してくれたのね
これは座標変換の式なので互いに動いている系では相手側が縮んで見えるということです
短いね
お互いさま
慣性系により長さはちがって見えるわけです
時間も同様で相手の方がゆっくり進むように見えます

この時間の遅れというのは粒子加速器などで観測されています
つまり光速近くまで加速された粒子は崩壊までの寿命が延びるのです
おお どっかで読んだことがある
へえ マンガで?
いや なんかの科学雑誌だと思う
あんたとちがって
わたしとちがってだと
ところでこの論文では題名にも本文にも相対性理論という語は出てきません 題名は電気力学で
マクスウェル方程式を相対性原理と光速度不変で見なおしたものです マクスウェル方程式はローレンツ変換で不変でした
ま ほかにもあるけど省きます
これを相対性理論と名付けたのはドイツの物理学者のブーヘラーで一九〇六年です

光速度に ついては ねえ
私は 一六歳の時 こんなこと を考えて まして
もし 光速度で 光を追い かけたら 光はどう 見えるだろう
同じ 速さ だと
止まって 見える のか？
え？
おほほほほ
なんて ことが
あるはず ない
あれ アシス タント さん？
なに？ なに？

それ以来ずっと光速のことを考えていたのですよ
まあ私しつこいほうだから…
なんでアシスタントさんが…
知らないよ
この世界に君臨してるってことか?
コヤマ先生にペナルティーはかけるし…
聞いてます?
わっ
ぬ
マクスウェル方程式では光速は定数として出てきますが
じゃあそれを不変の普遍定数としたらということで全く新しい理論ができたんですね
ぬ
わ
ここでは絶対静止のエーテルは否定されすべて相対的に考えられています
物質としてのエーテルは存在しないとしたわけです
重力場や電磁場の存在する空間としてならエーテルもありですけど
それより早くもどってアシスタントさんに話を…

第14話 $E=mc^2$

アインシュタインは特殊相対論が載った学術誌の次の号にその続編にあたる論文を発表しました
あれ もどらずに次の話ですか
続編の論文だから そのまま続けるんだろうね
実はアインシュタインはその続編の出た号に何か相対論への論説が出るのではと期待していたのですが何もありませんでした
当初相対論にはほとんど反応がなかったのです
ところが量子論のプランクが関心を示したことで一気に物理学のトピックになったのです

この理論はですね
基本的原理から絶対的かつ不変な推論を自力で導いたところがすばらしい
最初の論文には引用文献が一つもないんですからね
おおプランクさんお久しぶり
いやあプランク先生の手紙を頂いた時はうれしかったですねえ
初めての反応が当代最高の物理学者の一人からのものですからね
その後プランクさんはいろんな会合で相対論の紹介をしまして
そんな私の話を聞いた私の助手のラウエは……
ラウエさんは一九一ページに紹介されています
どもラウエです
見えないよ……

先生のお話で私も相対論の支持者になりましてね
一九〇六年スイスのベルンにアインシュタインさんをたずねて行って
てっきりベルン大学の教授だと思ってさんざん捜しまわって…
ベルン大学事務室
いない？
じゃ助手や学生には？
そしたらなんと特許局の技師だって話じゃないですか
私もビックリしましたよ
いやあ
チューリッヒ工科大学で助手になる話がパーになりまして
うわーいいなあ物理の巨人三人がこんなふうに会話してるのを見られるなんて
先生あんまり感動してるとアシスタントさんが…

おっと　そうでした
アインシュタインさんは続編の論文でこういう式を出しました
四元運動量の保存則というものからですが過程は省きます
$E = kmc^2$
$\left[k = \dfrac{1}{\sqrt{1-\left(\dfrac{v}{c}\right)^2}}\right]$
E：エネルギー
m：質量
c：光速度
v：物体の速度
これ　もしvが0ならば　こういうエネルギーと質量が等価という式になります
$E = mc^2$
核分裂や核融合でボーダイなエネルギーが出るのはこの関係式があるからで
E=mc
反応前より反応後の質量が少ないのはそれがエネルギーになったからです
質量がエネルギーになるなんてね
そんな話をしたら神様に笑われるかもしれない
いや、神が私をたぶらかしてるのかもしれない　と思いましたよアンダーソンは陽電子の発見により一九三六年ノーベル物理学賞を、宇宙線を発見したオーストリアのヘスとともに贈られている。ディラックについては二三〇ページの㊟も参照。

たぶらかしでもなんでもなくこれは全く正しい話で
質量保存則は成り立たず保存則はエネルギー込みで考えないといけません
$E=mc^2$が最もあざやかに現れる現象は対消滅と対生成です
なんですかそれ?
陽電子というものがあります
質量などは電子と同じなのに電荷が負でなく正の粒子です
一九三〇年にディラックが存在を予言して
一九三二年宇宙線の観測からアンダーソンが発見しました㊟
ポール・ディラック
1902～1984
イギリス
カール・デイヴィッド・アンダーソン
1905～1991
アメリカ

その陽電子がふつうの電子とぶつかると両方とも消えて質量がまるごとエネルギーになります
これが対消滅です
陽電子
電子
消えっ！
γ線
γ線
γ線のエネルギー
＝（両粒子の質量の和）× c^2
＋（両粒子の運動エネルギーの和）
逆に電子二個分にあたる質量より大きいエネルギーを持ったγ線から電子と陽電子の対ができることがあります
これが対生成です
γ線
電子
陽電子
わ！出た！
素粒子にはそれぞれ反粒子があって(注)
重い粒子の対消滅では質量全部がエネルギーになるのでなくより軽い粒子ができたりもします
物理っておもしろいだろ
ホントだ…
おそるべし
E＝mc²
……

電子に対する陽電子にあたるものを粒子の反粒子という。ある粒子（素粒子または複合粒子）に対し、質量とスピンが等しく、電荷など正負の属性が逆の粒子のことである。粒子と反粒子は対消滅、対生成の反応を起こす。

原子核分裂の発見に対しハーンには一九四四年ノーベル化学賞（このころ放射性物質は化学賞の対象）が贈られたが、マイトナーはいろいろ複雑な事情からノーベル賞は贈られていない。

一般に言う原子力はウランの核分裂のエネルギーですが
ウラン
n（中性子）
235U
E 全質量の1%以下
92Kr
141Ba
n
分裂生成核種はいろいろあり、これは一例
そこでエネルギーに変換する質量は全体の一%以下です
ウランに中性子を当てて核分裂を起こさせる実験は一九三八年にハーンが行い
マイトナーがそれが核分裂反応でありそれにより大きなエネルギーが出ることを確認しました(注)
二人は長年共同して研究してきましたがこの時マイトナーは亡命していて手紙で連絡していました
オットー・ハーン
1879 〜 1968
ドイツ
リーゼ・マイトナー
1878 〜 1968
オーストリア（ユダヤ系）
1938 年ナチスドイツから
スウェーデンに亡命
そしてこの式からの核分裂エネルギーの最初の利用は…
原子爆弾という形で実現しました
一九四五年私の論文から四〇年後で
私の時代です
E = mc²

私がその式を出したから原爆ができたというわけではないですが
ヒロシマナガサキの被爆には私にも責任の一端はあります
アメリカ大統領に原爆開発を促す手紙に署名したそうですね㊟
ええ
私は平和主義者だったはずですが…
あんたはまだナチスドイツを経験してないからね
第二次世界大戦中にナチスが先に原爆を開発してしまうと恐ろしいことになると思ったのですよ
だからナチスが降服目前となった時
原爆の使用をやめるようにという大統領あての手紙にも署名しました
しかし第二の手紙は効果がなく日本に原爆が投下されてしまいました

アメリカ大統領あての原爆開発を促す手紙は一九三九年、二通目の原爆使用中止要請の手紙は一九四五年に書かれた。ともに主唱者はレオ・シラード（一八九八〜一九六四、ハンガリー生まれのアメリカの物理学者）だった。

$E = kmc^2$
で この式ですが
「で」じゃなく この問題 もっと掘り下げた方が…
いや、これ 物理学史ですから
……
……
このk 相対論の本などではよく γと書かれますが
$k = \frac{1}{\sqrt{1-\left(\frac{v}{c}\right)^2}}$
vが0でなければ kは1より大きく vがcに近づけば kは無限に大きくなります
つまり 普通の物体を光速にしようとすれば 無限のエネルギーを必要とするわけで
どんなにエネルギーを つぎこんでも 光速には 届かないことに なります
?超光速?超光速?超

またこう式を変形すると
$\sqrt{1-\left(\frac{v}{c}\right)^2}\cdot E = mc^2$
$v=c$である光子はEは有限（$h\nu$）ですから左辺は0ですると右辺も0つまり光子に質量はありません
途中にはいろいろめんどうな計算はあるのですが出てきたこの式のなんと簡潔で美しくまた奥深いことか
$E = kmc^2$　$\left[k = \frac{1}{\sqrt{1-\left(\frac{v}{c}\right)^2}}\right]$
$v = 0$なら$E = mc^2$
基本的原理というものは数式として美しくなるものなのですねえ
美しいかどうかは別として簡単なのはいいことですねえ
ムダなコメントを・・・
同感
そしてこれは原子核物理学や素粒子物理学で絶大な力を発揮していくのです
そして第14話が終わってスタジオでアシスタントさんの話を・・・

第15話
一般相対性理論

アインシュタインは一九一六年に加速度系も含めた相対論を発表しました
これを自ら「一般相対性理論」と呼んでいて
それに対して一九〇五年の相対論は慣性系だけの話なので「特殊相対性理論」と呼ばれるようになります
あらまたもどらない
相対論の続きだからだろ

うーむアシスタントさんの陰謀だ
そんな気もしてきた
アインシュタインはスイス連邦工科大学で学びましたが
数学の教授はミンコフスキーでした

ヘルマン・ミンコフスキー 1864～1909 ロシア生まれのドイツ（ユダヤ系）の数学者
ミンコフスキーは特殊相対性理論を見て空間の三次元に時間の次元を組み合わせた四次元の時空を使えば相対論が簡潔に記述できると気づきました
この四次元時空をミンコフスキー空間といって一九〇七年に発表されました
これで特殊相対性理論の数学的わく組みが与えられたのです
内容はちょっと難しいのでことばだけ頭に入れてもらえばいいです
ことばも難しいです
ミンコフスキーによる数学的表現は
以後アインシュタインが一般相対性理論を考えていく上で欠かせないものになりました
彼がいなかったら相対論はいまだにおしめがとれなかったかもしれない
とアインシュタインは言ってます
うへ…

ただ ミンコフスキーはそれからすぐ一九〇九年に四四歳の若さで病死します
もう少し長生きすればどれだけアインシュタインの助けになったか…
わあ～ やっぱりアシスタントさんの陰謀だ!
それはちがうと思う
さてアインシュタインは考えていました
一九〇七年 ベルンの特許局です
別に仕事をサボってじゃないですよ
仕事のあいまに考えてまして
物理はこっちで立って考えた
既決
今は何を考えているんですか
さっきの話にあったように一九〇五年の相対論は等速度運動してる場合つまり慣性系だけのものなので

加速度運動でどうなるか
それと電磁気はＯＫですが力学について重力の相対論的理論を作らないと、と思って
それでひらめいたんです
人生で最高の思いつきと言ってもいいかもしれません
もしも人が屋根から落ちたら…
ドシン
ひえ～そんな…
いやあのね思考実験です
落下の途中だけ考えてください
ひえ～こわ～
うわあ～

エレベーターにしましょう
まわりが見えたら自分が落ちてることがわかってしまうから
エレベーターのワイヤーが切れて落下してるとすれば
どがんっ
ひえ〜おそろし〜
だからっ！
思考実験です途中だけです
落下するエレベーターの中の人は
無重力と感じるでしょう
そうでしょうね
ううう
やっぱりその直後を考えてしまう

じゃあ宇宙空間にエレベーターが止まってるとしましょう
中の人はさっきと同じく無重力状態と感じます
おおこれなら安心です
外から見れば全くちがう状態なのに…
おそろしさと安心とですね？
いや心理状態でなく物理的状態です
なのに中の人が感じるのは同じになります
では今度は宇宙空間で一定の加速度で上昇しているエレベーターです
中の人は加速度に応じた重力を感じるはずです

加速によって感じる力を慣性力といいます
今の話でエレベーターの中の人には重力と慣性力の区別はつきません
重力場と加速度系は相違がないということです
これを等価原理と呼びます
はい
さてそこで光です
おおこだわりの!
等加速度で上昇するエレベーターに小窓があって水平に光が入ってきたら
加速っ!
光
窓と反対側の壁に光が届くまでにエレベーターは上昇するので
エレベーターの中では光はこんなふうに曲がって進むように見えます

するとですね
等価原理から重力場でも光は曲がるわけです
止まっているエレベーター
光
重力場
そのようなことを一九一一年に論文にしましたが
これ重力があるかないかで同じ時間に光が進む距離がちがうことになるんで
重力なし
重力あり
このままでは光速不変にあわないわけです
そこで考えました
これは重力場では時空がゆがんでいるのではないか
そう考えるところがすごいですねえ
そうですねえ
うしろでなんか言ってる

グロスマンはリーマン幾何学のほかにもアインシュタインの数学的な相談に答えていて、その物理学への貢献をたたえ、相対論や宇宙論の研究者が三年ごとに開く国際会議に「マルセル・グロスマン会議」と名前が付けられている。

ゆがみのない空間の幾何学がふつうのユークリッド幾何学で
ゆがんだ空間では非ユークリッド幾何学というものを使わないといけません
で
大学の同級生で数学者になったグロスマンに相談したんです
マルセル・グロスマン 1878～1936 ハンガリーの数学者 (注)
非ユークリッド幾何学にリーマン幾何学というのがあって
グロスマンはその重要性を説いてくれて
「物理学者が深入りするものではない」と言いながら教えてくれました
はあ…
物理学者が深入りしちゃいけないものにふつうの高校生が立ち入っちゃいけないのでは?
立ち入りません
ここでもことばだけ頭に入れてください
そういうわけでゆがんだ空間を扱うリーマン幾何学とミンコフスキー空間とを使って
どういうわけで?

一九一四年一九一五年と関連の論文を出したあと
一九一六年に「一般相対性理論の基礎」という論文が出てこの年が一般相対性理論の構築の年とされます
おお
やりましたね！
おめでと～！
や どーも
その基本方程式はアインシュタイン方程式と呼ばれていますが
こういうものです
$G_{\mu\nu}=\frac{8\pi G}{c^4}T_{\mu\nu}$
G：万有引力定数
c：光速
なんじゃこりゃ…
外見的には単純なので表示しましたが
内側には高校程度では難しい内容があるのでくわしくは自分で調べてください
調べたい人はね
調べる？
あんたは？
調べろよ

その方程式はごく簡単に言えば右辺が重力を表し、左辺が時空の曲率を表しています
重力が幾何学で表現されたわけで
大きい重力がある所は時空のゆがみが大きくなっているということです
おおこれで調べないですむ
そうね!
まあいいけどね
四次元の時空は図にできないので二次元で見れば
こんなふうに重力のある所は平面がへこんだようになって
重力
質量
時空
物体でも光でもそのそばを通るとこのように曲げられます
またへこんだところでは時間の進みが遅れます

重力があまり大きいと穴があいてしまってそれがブラックホールです
さて理論はできましたがはたしてこれは正しいのか
それを検証しないと…
机上の空論ということになってしまうわけですねえ
一九一〇年代の技術水準からこの時空のゆがみを測定するにはよほど大きな重力のあるところでないと
すると太陽ですね
で そのそばで実際に時空がゆがんでいるか

有力なのは太陽の近くに見える星の光が曲がっているかを調べることですが
皆既日食の時でないと見えないし私個人では測定もできません
あっちにある星が
こっちに見える
太陽
地球
そこで太陽に最も近い惑星の水星に目をつけました
長年の天文観測から水星軌道のずれがわかっています
水星の近日点移動は百年で五七四秒（角度）で大部分は他の惑星の影響ですがそのうち四三秒だけ説明がつきませんでした
その分が一般相対論できちっと計算されたのです
ほんとはもっと円に近い
太陽
近日点
遠日点
水星
ほんとはこんなには移動しない
近日点移動
当然遠日点も移動するがなぜか呼び名は「近日点移動」

それを一九一五年に論文にしましたが
自分の計算が水星の動きを正確に予測していることに気がついたときは
もう大喜びで何日も仕事が手につかなかったですよ
日食の方は
天候が悪かったり第一次世界大戦が始まったりで
しばらくは観測ができませんでした
そうだ戦争だ…
戦争反対！
ところで光が重力で曲がるのはもし光が質量を持つなら
ニュートン力学でも起こることでそれは角度で〇・八七秒になります
一般相対論ではその角度は二倍になるはずで…
一九一九年五月にイギリスのエディントンが西アフリカ沖のプリンシペ島で日食の観測を行いました
曲がる角度は〇・八七秒かその二倍か
結果はその年の一一月に発表され…

映画界の大人気者チャップリンはアインシュタインとの会見で「私に人気があるのは誰でも私を理解できるからですが、あなたに人気があるのは大衆の誰もがあなたを理解できないからです」と言った。わからないことで有名になったのである。

観測値は相対論の計算値に近いことがわかりました
そこからアインシュタインさんは世界的な大人気者になったのです(注)
やどーも
私でも知ってたほどで
ところでアインシュタイン方程式を解いてみると宇宙がふくらむかつぶれるかするとなるのでアインシュタインさんは定常な宇宙を保つため方程式に補正項を入れました
$G_{\mu\nu}+\Lambda g_{\mu\nu}=\frac{8\pi G}{c^4}T_{\mu\nu}$
宇宙項
一九一七年です
ところが一九二九年
アメリカのハッブルが宇宙は膨張しているという観測データを発表したので
宇宙項は撤回されました
いやー宇宙は一様で静止していると思ってたから…
生涯最大の失敗です
ところがところが
一九八〇年代以降の宇宙の始まりで急激な膨張があったとするインフレーション理論とか
二一世紀になって宇宙の膨張は加速しているという観測とか
もう私は死んでますが…

斥力を表す宇宙項にあたるものが必要と考えられるようになっています
私は仮定のエネルギーとして宇宙項を入れましたがその加速膨張のエネルギーはどのようなものなのですか
もう私は死んでますが…
←2013年の見積り
わかりません
わからない？
わからないからそれをダークエネルギーと呼んでます
質量でわからないのはダークマター
宇宙の構成
ふつうの物質　5％
わけのわからない質量（ダークマター）27％
わけのわからないエネルギー（ダークエネルギー）68％
実際宇宙はわからないことだらけなのです
また相対論では大きな質量が高速で運動すると重力波が発生するとされますが(注)
この直接的な検出もまだでダークマターやダークエネルギーとともに今後の研究課題になっています

重力波は一九一六年、アインシュタインの論文「重力場の積分の近似法」で初めて提示され、同じくアインシュタインの一九一八年の論文「重力波について」でくわしく論じられた。

エピローグ

はい
スタジオに
もどって
きました
物理学史の
おおすじは
第15話までで
終わって
しめくくりの…
コヤマ先生
その前に
アシスタント
さん！
はい
なんでしょう？
アインシュ
タインさんの
昔話に出て
きた映像は
なんなのよ
はて
なんの
ことやら
それを
かくそうと
こっちへもど
らないように
陰謀を…
おっしゃる
意味がわかり
ませんが

何やってんですか?
アシスタントさんの正体をあばこうとしてるんですよ
あのねもう残り時間も少ないのでこっちに集中してください
はあ…
二〇世紀になって量子論と相対論が出てきて物理学は人間離れしたものになりました
物《もの》の理《ことわり》を追求していけばそうなるのは当然で極微の世界とか光速度とか時空のゆがみとかが研究されました
はい集中集中
う〜
最後にそんな人間の感覚から離れた大小の極限を見ておきましょう
小
大
大は宇宙小は素粒子です
まずは素粒子から

素粒子とは
それ以上分割
できない
物質の最小
単位で
昔は
原子でしたが
ATOM
原子
一九世紀末から
原子の内部構造が
わかってきて
一九三〇年
前後には…
原子核
電子
原子
これらが素粒子
だと考えられて
いました
陽子
中性子
電子
光子
およびその反粒子
（ただし 1930 年ころでは
発見されているのは
1932 年の陽電子のみ）
理論としては
ディラックが
量子論に
特殊相対性理論を
取り入れた
相対論的量子力学
が出ていますが
理論では不明な
ことが二つあり
ました
β崩壊と
核力です
β崩壊は
原子核が
β線（電子）を
放出して
同じ質量数のまま
原子番号が一つ
上がるという
ものです

α崩壊（二三九ページの㊟）でもβ崩壊でも崩壊後の質量合計は崩壊前の質量より小さくなりますが
α崩壊では質量減少がα粒子の運動エネルギーになっているのに
α崩壊
核 原子番号Z
核 → α粒子
Z－2
$E = mc^2$
（m：質量減少）
β崩壊ではβ粒子のエネルギーが質量減少より小さいのです
なるほど変ですねえ
変？
変！
β崩壊
核 原子番号Z
核 → β粒子
Z＋1
$E < mc^2$
原子核の内部ではふつうの量子力学でなく別の原理があるのではないかという考えもありましたが
二一一ページに出たパウリは一九三〇年
電気的に中性の粒子があってエネルギーを持ち去っているのではという仮説を出しました
核 → β粒子
→ 中性の粒子
あわせて $E = mc^2$

そして一九三二年の中性子発見の後
一九三四年にフェルミがβ崩壊の理論を発表し中性粒子にニュートリノと名前をつけました
エンリコ・フェルミ
1901～1954
イタリア
弱い相互作用
(注)
陽子
電子
中性子
ニュートリノ
ニュートリノは他の粒子とほとんど反応しないため検出はむずかしく観測されたのは一九五六年でした
さてもう一つ核力ですが
核力は陽子と中性子を原子核としてまとめておく力です
陽子同士はプラスの電荷で反発しあうので核力は電磁力より大きくなくてはなりません
それで核力はβ崩壊の弱い相互作用に対し強い相互作用（強い力）と呼ばれます
原子核
ういてる…

β崩壊の相互作用は電磁相互作用に比べはるかに弱いため弱い相互作用（弱い力とも）と名付けられた。この時生成されるニュートリノは当初質量0とされたが、実験からごく小さな質量を持つと確認された。

フェルミのβ崩壊の理論が出て電子やニュートリノを使って核力を説明しようという試みはありましたがうまくいきませんでした
そこで核力を研究していた湯川さんは……
あ
それで考えを改めましたね
既存の粒子じゃだめなんだと
重力場や電磁場とならぶ新しい場だから
核力の場の性質の方から追えば対応する新粒子の性質も決まるでしょう
このエピローグでは出演者にはスタジオに来てもらいます
あ 毛がある
湯川秀樹
1907～1981
日本
毛がある？
だっていつも見る湯川さんはこんな……
ああ それはノーベル賞もらったころの写真ですね
四〇代のころの…

私今二〇代ですから
えとあんまり専門的な話は…
避けていただく方が…
避けてください
原子核内部では別の理論があるのではないかとちゅうちょする向きもありましたが
私は場の量子論でおしていって結果が出せました
微小な話は量子力学がきくわけです
ミクロ世界＝量子論
量子論の不確定性原理も役に立つんですよ
時間とエネルギーとの不確定性の関係があって
$\Delta t \cdot \Delta E \geqq \frac{h}{2\pi}$
ある時間内にはそれとの積がプランク定数程度のエネルギーがあってもいいわけで
核力が働く距離から時間は出せてそれに対するエネルギーの大きさを質量に換算することにより対応する粒子は陽子と電子の中間の質量と出ます
$\Delta E \geqq \frac{h}{2\pi\Delta t}$
$E = mc^2$
↑
電子の質量の200倍程度
(246ページの㊟参照)

そういう粒子をやりとりすることにより核力が生ずるのです
N：中性子
P：陽子
→のち 0もあり となる,
電荷は当初は±1と考えられました
湯川理論は一九三四年に講演で報告され一九三五年論文にまとめられました
相互作用（力）は相互作用の粒子により媒介されるというわけですが
その粒子が実験的に確認されなければなんにもなりません
人工的にその粒子を生成するには一億電子ボルト㊟が必要ですが
当時の加速器にはそんな能力はなく
宇宙線の中からさがして
一九三七年に陽電子発見のアンダーソンが似た質量の粒子を発見しました
やった！
湯川粒子にちがいない！
当初中間子は湯川粒子と呼ばれていました

電子ボルト（エレクトロンボルト）は電子一個が一Vの電圧で加速された時のエネルギー。eVで表す。また、素粒子の質量の単位としても使われる（$E = mc^2$ で換算）。電子質量は約〇・五MeV、陽子質量は約一GeVに相当する。

れている。パウエルは写真による原子核崩壊過程の研究方法の開発および諸中間子の発見により一九五〇年ノーベル物理学賞を贈られている。

が…
なんじゃこりゃ…
核力と何の関係もないぞ
このなんだかわからない粒子は湯川粒子ではないとわかりました
じゃあなんでそんな粒子があるのか
わけのわからないままメソン（中間子）という名ができました
その後第二次世界大戦で研究は滞り…
あ戦争反対…
一九四七年になって粒子の軌跡を写真に記録する新技術を開発したパウエルらのグループがついに湯川粒子を発見しました
その写真には湯川粒子が崩壊して一九三七年のわけのわからない粒子になるのが写ってます
セシル・パウエル 1903～1969 イギリス (注)
そして
一九四九年に湯川さんはノーベル物理学賞を受賞しました
やどーも
あ四〇代の！

パウエルの発見により二つの中間子があるとわかり湯川粒子はパイオン（π粒子）わけのわからない粒子はミューオン（μ粒子）と名がつきました㊟
加速器の性能向上により一九四八年人工的にも作られています
ところが加速器の性能がどんどん向上していったら
ミューオンばかりじゃないわけのわからない粒子がわんさか出てきて
数百種類になってもう物質の基本の素粒子だとは言えなくなりました
それらの粒子はもっと基本的なほんとの素粒子の結合でできているのではないかと
quark
クォーク
一九六四年にともにアメリカのゲルマンとツヴァイクがクォーク説を出しました
クォークの命名はゲルマンとされます
それによるとレプトンは素粒子ハドロンは複数のクォークの結合体となります
ハドロン
バリオン：陽子、中性子等（クォーク３個）
メソン：パイオン等（クォークと反クォークの２個）
レプトン
電子、ニュートリノ等

ミューオンは予想された湯川粒子の四分の三の質量を持っていたため、中間子の一種と見られていたが、後の研究により電子と似た性質を持つレプトンと判明した。電子と同じ電荷を持つ。

その後一九七三年の小林・益川理論でクォークは六種あるとされ
その他の理論や新粒子の発見で現在素粒子について標準模型が作られています
こういうものですがくわしくは…
自分で？
ページがなくてね
クォーク（6種）
アップ　チャーム　トップ
ダウン　ストレンジ　ボトム
レプトン（6種）
電子　ミューオン　タウオン
電子ニュートリノ
ミューニュートリノ
タウニュートリノ
ゲージ粒子（力を媒介）（4種）
光子　グルーオン
Z粒子　W粒子
ヒッグス粒子（質量を与える）
以上17種とその反粒子
そのような素粒子研究への貢献で二〇〇八年のノーベル物理学賞はこの三人が受賞しました
益川敏英
1940～
日本
小林誠
1944～
日本
南部陽一郎
1921～
日本
（アメリカへ帰化）
まあ私は標準模型とは直接関係ないですが
何をおっしゃる
南部先生のおかげで我々の理論もできたんで

せっかくマンガに出してもらったんだから益川くん何かおもしろいこと言いなさいよ
えー そんなご無体な
おもしろいこと言う人なんですか?
まあ そうです㊟
素粒子の話はこれぐらいにして
宇宙の方に行きます
宇宙では一般相対論が道具ですが素粒子論も重要な要素です
あのお三方もおられることだし
宇宙関係でノーベル賞をとった日本人を招きましょう
やはり素粒子と関連した業績です
ん?
小柴昌俊
1926～
日本

益川は学生時代から「いちゃもんの益川」と呼ばれ、他人とは違った視点で発言し議論を活性化した。好んでへそ曲がり的な話をし、ノーベル賞受賞時も「たいしてうれしくない」と言っていた。

水中では光速は真空中の約七五%で、荷電粒子がそれ以上の速度を持つことがあり、その時進行方向に向け青白い光が円錐状に走る。この光をチェレンコフ光という。

おー小柴さん
そうですニュートリノを観測して…
小柴さんはカミオカンデというニュートリノ検出装置を作ったのです
こっちこっち
お元気でしたか
地下一〇〇〇mに三〇〇〇tの純水のタンクを設置し壁面にびっしり光電子増倍管を並べたものです
ニュートリノは物質とほとんど反応しないので地球など楽に通り抜けますが
ごくたまに粒子と衝突することがあります
そして電子が水中の光速以上ではねとばされると青白い光が出ます㊟
青白い光
ニュートリノ
電子
その光の観測から電子の運動方向や速度がわかりそれによりニュートリノの飛来方向などがわかるわけです
カミオカンデで宇宙ニュートリノの観測を始めた一九八七年たまたま大マゼラン雲に超新星爆発があり
地球
約16万光年
大マゼラン雲
銀河系
約10万光年

超新星から飛来したニュートリノの観測に初めて成功しニュートリノ天文学が開拓されたのです
おおすごいすごい
そして小柴さんは二〇〇二年ノーベル物理学賞を受賞しました
物理学賞受賞の日本人はこの番組でほぼ出てもらいましたがもう一人いて（二〇一四年九月現在）ここで紹介しておきましょう
朝永振一郎
1906～1979
日本
右の手書きの注を
これを書いたのは二〇一四年九月で、一〇月に二〇一四年のノーベル物理学賞に
青色発光ダイオードの発明が決まって、もう三人増えました。
朝永さんは横の㊟にある業績で受賞しましたが第三章の量子力学のところでは専門的すぎるので控えてもらっていたのです
㊟にある話わかる？
ことばだけってことでいいんじゃない？
自分で調べろよ
さて第15話の終わりに出ていたダークマターのことですが
なぜそんなわけのわからない質量があるのがわかるかというと
AMI

朝永は一九四〇年代に場の量子論を超多時間理論で定式化し、くりこみ理論を考案して量子電磁力学を確立した。それにより、一九六五年ノーベル物理学賞が贈られている。

まず銀河の回転速度が周縁部でも中心付近と同じくらいだということです
観測値
回転速度
目に見える物質から計算
銀河中心からの距離
また銀河団などの大きな重力での相対論による光の屈折
これを重力レンズといいますが
光
重力
それから出せる質量分布が望遠鏡で見える物質分布とちがったものがあること
それらから目に見える物質の何倍もの量のダークマターがあるとされます
ダークマターはブラックホールや光のほとんど出ない星のほか人類には未知の物質などが候補にあがっています
またダークマターとともになぞのダークエネルギーは
宇宙の始まりとも関係があるのです
ダークエネルギー？
二九一ページで出ただろ
ダークマターといっしょに

ビッグバンはご存じですか
おおそれ！それ！ビッグバン！
あー
ちょっとふけたけどあのひょうきん学者！
ビッグバン理論は一九四八年にガモフさんが出したもので
まあこないだから二〇年たってますから多少はふけます
それにちょっとふとったね
当時ハッブルの膨張宇宙説が出ていたのに
時間を過去に進めれば宇宙は一点に集中することになるということを真剣に考えた人はほとんどいませんでした
ただ
ベルギーのルメートルさんが一九三〇年前後に原始原子を考えて
それが爆発して宇宙になったと説いてます
そんなうらみ顔で

宇宙誕生後四〇万年くらいまで宇宙の光子のほとんどは分離している電子や陽子との相互作用をしており自由に走れなかったが、自由電子が核と結合し物質が中性化して（宇宙の晴れ上がり）光子は物質に干渉されずに伝搬できるようになった。

宇宙卵が宇宙の始まりに爆発したって言ってね
好きだなあそういうじょうだんっぽいことば
しかしルメートルの原始原子は物理的意味があいまいでした
そこで私は原子物理学にのっとって考えました
最初は超高温高圧の中性子、陽子、電子、光子のかたまりの火の玉です
当時ではその火の玉がなぜできたかまでは不明でした
それが膨張して温度が下がるにつれて中性子と陽子が結合していって
重い元素の核が次々とできたのです
後に修正されこの時できたのはヘリウムまでであとはその後星の中でできました
その後三〇〇〇Kほどの温度で宇宙が晴れ上がり光が自由に飛べるようになり㊟
宇宙の膨張でうすめられて現在数Kの黒体放射として観測されるのです
一九六五年その放射が観測されてビッグバンが確認されました

その三K放射は…
今では精度が上がって二・七三Kですが
こちらの新技術で実際に見えますよね
はい
ほらね
おほほほほ
あ〜
なにあれは？
だから新技術で可視化した三K放射です
可視化って…
ほら先生のお話ですよ

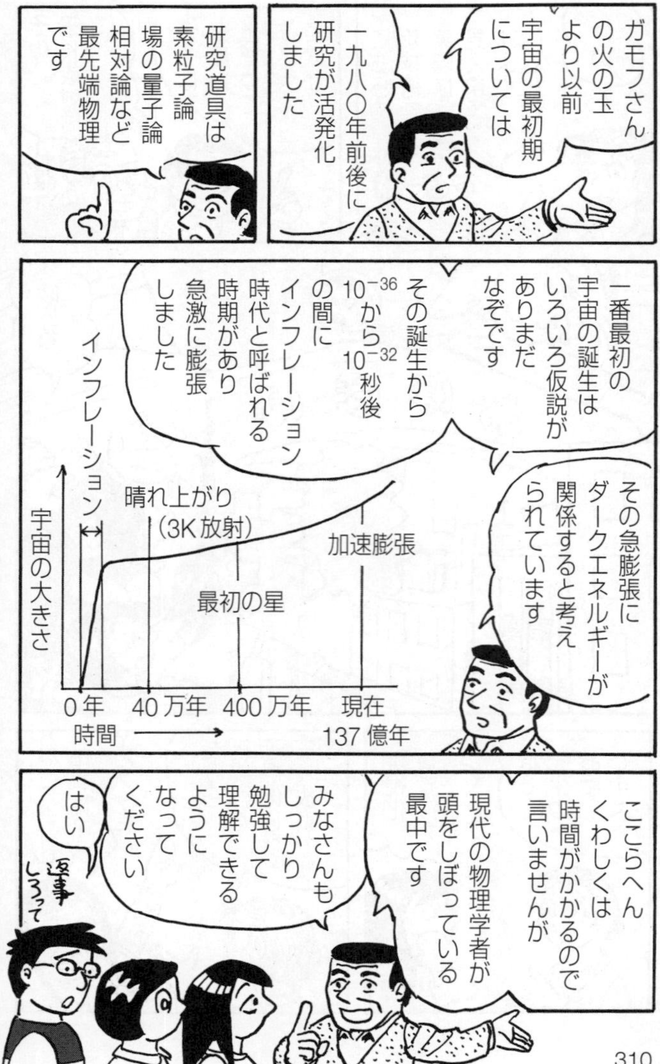

ガモフさんの火の玉より以前宇宙の最初期については
一九八〇年前後に研究が活発化しました
研究道具は素粒子論場の量子論相対論など最先端物理です
一番最初の宇宙の誕生はいろいろ仮説がありまだなぞです
その誕生から10^{-36}から10^{-32}秒後の間にインフレーション時代と呼ばれる時期があり急激に膨張しました
その急膨張にダークエネルギーが関係すると考えられています
宇宙の大きさ
インフレーション
晴れ上がり（3K放射）
最初の星
加速膨張
0年
40万年
400万年
現在137億年
時間 →
ここらへんくわしくは時間がかかるので言いませんが
現代の物理学者が頭をしぼっている最中です
みなさんもしっかり勉強して理解できるようになってください
はい
返事しろって

はい みなさん ごくろうさまでした
これで物理学史の番組は終了です
待った待った
アシスタントさん!
あなたの正体を解明せねば
正体も何も ただ私は みなさんの物理学史の勉強の手助けをしただけですから
だいたい あなたの名前も知らないし
私の名前?
ミツコと申します
ミツコ?
光子と書くのか?
光子《コウシ》?
あ…

おわり

参考図書

『ノーベル賞で語る20世紀物理学』小山慶太著　講談社ブルーバックス　一九八七年
『光で語る現代物理学』小山慶太著　講談社ブルーバックス　一九八九年
『科学者はなぜ一番のりをめざすか』小山慶太著　講談社ブルーバックス　一九九〇年
『ファラデー』小山慶太著　講談社学術文庫　一九九九年
『科学史年表』小山慶太著　中公新書　二〇〇三年
『物理学史』小山慶太著　裳華房フィジックスライブラリー　二〇〇八年
『ノーベル賞でたどるアインシュタインの贈物』小山慶太著　NHKブックス　二〇一一年
『科学の歴史を旅してみよう』小山慶太著　NHKカルチャーラジオ　二〇一二年
『ノーベル賞でたどる物理の歴史』小山慶太著　丸善出版　二〇一三年
『新訳　ダンネマン大自然科学史』（全12巻＋別巻）フリードリヒ・ダンネマン著　安田徳太郎訳・編　三省堂　一九七七年〜一九八〇年
『科学技術人名事典』アイザック・アシモフ著　皆川義雄訳　共立出版　一九七一年
『ゆかいな理科年表』スレンドラ・ヴァーマ著　安原和見訳　ちくま学芸文庫　二〇〇八年
『物理学天才列伝』（上・下巻）ウィリアム・H・クロッパー著　水谷淳訳　講談社ブルーバックス

二〇〇九年
『世界の科学者図鑑』アンドルー・ロビンソン編　柴田譲治訳　原書房　ヴィジュアル歴史人物シリーズ　二〇一三年
『天才たちの科学史』杉晴夫著　平凡社新書　二〇一一年
『ハイゼンベルク』小出昭一郎著　清水書院　Century Books（人と思想98）一九九一年
『プランク』高田誠二著　清水書院　Century Books（人と思想100）一九九一年
『ファラデーとマクスウェル』後藤憲一著　清水書院　Century Books（人と思想115）一九九三年
『量子力学入門』並木美喜雄著　岩波新書　一九九二年
『アインシュタインが考えたこと』佐藤文隆著　岩波ジュニア新書　一九八一年
『アインシュタイン16歳の夢』戸田盛和著　岩波ジュニア新書　二〇〇五年
『クォーク第2版』南部陽一郎著　講談社ブルーバックス　一九九八年
『NHKテレビテキスト　こだわり人物伝　二〇一一年二―三月』「湯川秀樹」益川敏英著　NHK出版　知楽遊学シリーズ　二〇一一年

〈マ行〉

〈ナ行〉

〈ハ行〉

さくいん

N.D.C.402　318p　18cm

ブルーバックス　B-1912

マンガ　おはなし物理学史《ぶつりがくし》

物理学400年の流れを概観する

2015年 4 月20日　第 1 刷発行

原作　小山慶太《こやまけいた》

漫画　佐々木《ささき》ケン

発行者　鈴木　哲

発行所　株式会社講談社

〒112-8001 東京都文京区音羽2-12-21

電話　出版部　03-5395-3524

販売部　03-5395-5817

業務部　03-5395-3615

印刷所　（本文印刷）慶昌堂印刷株式会社

（カバー表紙印刷）信毎書籍印刷株式会社

本文データ制作　株式会社さくら工芸社

製本所　株式会社国宝社

定価はカバーに表示してあります。

ISBN978-4-06-257912-4

発刊のことば

科学をあなたのポケットに

二十世紀最大の特色は、それが科学時代であるということです。科学は日に日に進歩を続け、止まるところを知りません。ひと昔前の夢物語もどんどん現実化しており、今やわれわれの生活のすべてが、科学によってゆり動かされているといっても過言ではないでしょう。

そのような背景を考えれば、学者や学生はもちろん、産業人も、セールスマンも、ジャーナリストも、家庭の主婦も、みんなが科学を知らなければ、時代の流れに逆らうことになるでしょう。

ブルーバックス発刊の意義と必然性はそこにあります。このシリーズは、読む人に科学的に物を考える習慣と、科学的に物を見る目を養っていただくことを最大の目標にしています。そのためには、単に原理や法則の解説に終始するのではなくて、政治や経済など、社会科学や人文科学にも関連させて、広い視野から問題を追究していきます。科学はむずかしいという先入観を改める表現と構成、それも類書にないブルーバックスの特色であると信じます。

一九六三年九月

野間省一